作者介绍 //

　　单文霞，女，江苏常州人，江南大学服装设计专业本科毕业，苏州大学艺术设计专业硕士毕业（研究方向：服装设计与服饰文化），江苏省政府公派法国巴黎访问学者，高级服装设计师，江苏理工学院副教授。长期从事服装设计和服饰文化研究，先后担任中国服装设计师协会理事、学术委员会委员、国家职业技能鉴定高级考评员，著有《现代职业装设计导论》。近年来，分别主持教育部人文社科项目、市厅级教科研项目等多项课题研究，先后在《装饰》《艺术百家》《当代电视》《高教研究》等期刊发表10多篇研究成果论文，《服装立体裁剪》课堂教学作为职业教育示范课在《中央电视台》新闻频道现场直播。

教育部人文社会科学研究规划基金项目资助
课题：我国童装产业现状及设计应用研究
项目编号：11YJA760011

童装造型与制作技术

单文霞　著

东华大学出版社·上海

内容提要

  本书内容包含童装造型设计、缝制工艺，以及企业生产相关的专业技术。书中以图文结合的形式，全面展现童装服饰的缝制工艺和技术要求。全书共分四章，从儿童服饰的发展、制版与质量要求、童装的生产技术文件，到典型童装案例的操作步骤和制作技术，着重介绍了时尚童装的造型及新工艺、新技术和装饰细节技术，并从多角度链接童装服饰的热点细节技术知识，是一本内容丰富、操作简便而实用的专业性书籍。

  本书可作为服装行业技术人员和服装院校师生的专业参考书，也可作为服饰爱好者学习童装设计与制作技术的自学读物。

图书在版编目（ＣＩＰ）数据

童装造型与制作技术 / 单文霞著. —上海：东华大学出版社，2015.10
 ISBN 978—7—5669—0936—7

 Ⅰ. ① 童…　Ⅱ. ①单…　Ⅲ. ①童装—服装设计
Ⅳ. ① TS941.716.1

 中国版本图书馆 CIP 数据核字（2015）第 256248 号

责任编辑 杜亚玲

封面设计 陈良燕

童装造型与制作技术
TONGZHUANG ZHAOXING YU ZHIZUOJISHU

单文霞 著

出　　版：东华大学出版社（上海市延安西路1882号，200051）
网　　址：http://www.dhupress.net
天猫旗舰店：http://dhdx.tmall.com
营销中心：021-62193056 62373056 62379558
印　　刷：深圳市彩之欣印刷有限公司
开　　本：889 mm×1194 mm 1/16 印张：10.5
字　　数：370千字
版　　次：2015年10月第1版
印　　次：2015年10月第1次印刷
书　　号：ISBN 978-7-5669-0936-7 / TS·657
定　　价：48.50元

序　言

熟悉绘画艺术史的人都知道，从文艺复兴到19世纪古典主义的肖像画中可以看到，西方儿童的穿着与当时成人的款式几乎一样，都是穿着相同低领的衣服、裙撑和马裤。很长一段时间中，虽然童装也有其发展的脉络与规律，但儿童的穿着有时更像是微型的成人。尽管19世纪末、20世纪初已有一些设计师专门研究高级童装，但直到第一次世界大战之后时装化、成衣化的童装才开始批量生产和销售。童装业的发展可以说是紧随女装业发展的，第一、第二次世界大战以后当妇女们纷纷走出家门参加工作，在无暇顾及自制服装的同时，也更无暇缝制孩子们的服装了。特别是穿着校服成为西方学校普遍行为之时，就为童装成衣化开辟了道路，由此成衣化童装迎来了快速发展的时代。

童装业进入21世纪以后，无论是时尚信息、设计潮流，还是品牌营销形式都显现出规模化的倾向。都市商业圈中童装品牌店高档化的倾向也越来越明显，甚至各大时装周的童装专场发布秀也越来越多。

据有关研究表明，中国城市中1～12岁年龄段的儿童约3亿多，按此估算中国儿童服饰每年的需求不低于8千亿元消费额。如果再加上部分发达的农村市场，这个数字将更高。由于中国即将放开二胎生育政策，童装消费必将有一个大跃升。而且随着时代的发展，80、90后即将迎来生育高峰，儿童用品消费越来越受到这一批适龄青年父母生活方式的影响，童装的时尚流行也将进一步加快。

单文霞是知名的服装教育专家，我认识她已经很久了。我们可以说是亦师亦友。说师，因为单文霞曾经在苏州大学艺术学院就读研究生，我是她的任课老师；说友，我们是服装设计学术界的同道，平时多有交流。单文霞长期从事童装设计的教学与研究，她即将出版的《童装造型与制作技术》，可以说是她致力于服装设计教学与科研的又一重要科研成果。

单文霞所著《童装造型与制作技术》一书的出版，正好是在国家放开二胎生育政策出台之际，社会各界正热议由此带来的儿童服饰和相关衍生产品生产前景，以及服装相关产业结构调整等重要问题。童装作为儿童成长过程中必不可少的消费品，在未来必将有新的发展。这本书的出版也正好契合了时代的要求。

单文霞是可以说是经验丰富的服装教育专家，二十多年来，她辛勤耕耘在高校的讲坛，积累了丰富的教学与实践经验，这本书的出版正是其童装设计实践经验的总结，也将为童装设计与教学提供一本好的教材。

李超德

苏州大学艺术学院教授、博士生导师

教育部高校设计类教指委委员

中国服装设计师协会副主席

2015.10.14写在姑苏城东儒丁堂

目　录

概　述 /////////////////////

服装是众多消费品中最具人性化的商品，不仅叙述着消费者的情绪，更彰显了消费者的个性与品味。从形态各异的轮廓造型、纷繁复杂的装饰手段到目不暇接的高端技术发明，今天一个新古典浪漫主义、明天一个后现代设计思潮，大量的视听信息、网络数据等冲击着各个层面的设计者、生产者、经营者与消费者。服装比以往任何时代都更加全方位地牵引社会潮流，唤醒人们曾经被压抑的自我表现意识，并最终主宰人们的日常生活和思维方式。近年来，童装的设计思潮和消费价值取向亦是如此。

目前，国内较少有人对儿童服装所表现的现象进行理论上的探究，甚至连涉及童装的起源和发展历史的书籍也很少见到，这和我国童装起步晚，发展缓慢，对童装文化内涵缺乏了解有着密切的关系。虽然，随着近些年我国童装产业的快速发展，国际竞争不断加强，童装界深切意识到童装文化内涵建设的重要性，出现不少探寻国内童装产业出路的文章，但也大都是从企业管理和市场营销等角度出发，很少关注到童装这一较为特殊的产业类型深层次的研究。对于童装产业现状，可供查阅的有关文献很少对其进行系统的分析和论证，也没有就童装的成因及表现做出具体论述，所以常常流于表象，难以深入实质。

而国外对于儿童服装历史和文化的研究早在 18 世纪末就随着对儿童这一特殊群体的认识和重视初见端倪。20 世纪中后期，大众媒体的迅速发展和蔓延使得西方社会意识到大众媒体对儿童身心的影响和侵害，儿童服装由于对儿童心理潜移默化的作用被服装界和教育界人士所关注并进行探究，涉及童装的起源和发展，解读童装现象和文化的著作不在少数。比如美国 Alison Lurie 所著《解读服装》，和英国 Joan. Na 所著《服饰时尚 800 年》等。但是西方和中国的社会环境不同，文化传承各异，生活方式和行事理念相去甚远，西方关于童装的研究并不完全适用于中国，至多是"他山之石"。

在当下国内持续快速的发展中，中国童装低附加值中低端产品线格局未能得到根本性改变，原因在于中国童装产品在技术创新与品牌设计两个方面与产业发展速度未能达到同步，特别是童装设计领域相对于欧美发达国家差距巨大。基于我国少年儿童人口数量大，作为新兴产业的中国童装，其市场蕴藏着巨大的商机，也是继成人服装快速发展后的又一新生力量。随着消费时代的到来，人们消费观念的转变以及儿童在家庭中地位的提高，越来越多的人对童装的消费崇尚为是一种文化消费——无论是作为实用服装还是礼物，更多的是一种对生活方式和价值观念的表达，而不仅仅是一种物质性的消费。

根据人口普查数据，目前我国14岁以下人口数高达2.6亿多。由于人口基数大，尽管实行计划生育多年，但每年新增人口数量可观。每年新出生人口1 600万左右，庞大的儿童群体为我国童装市场提供了巨大的商机。按照每人每年5件服装计算，全年全国对童装的需求数量就高达13亿件，如果每件衣服按80元计算，童装的市场规模就超过1 000亿元。基于我国独生子女家庭的社会结构，父母在孩子的培养上毫不吝啬，也随着2015年国家"二胎"生育政策的颁布，未来童装的市容量及发展潜力巨大。但是，作为世界上最大的纺织品生产国，我国拥有遍布全国各地的服装生产企业。中国童装产品尽管经济总量在全球占据第一，然而其利润率却处于国际上最低水平行列，原因就在于设计能力薄弱，直接导致我们的童装产品在款式、造型、色彩等艺术设计领域处于国际上中低端水平，目前中国童装的发展尚是依托国内的低价优质劳动力资源进行童装产品的产能扩张性生产加工，随着近年来"用工荒"的愈演愈烈，这个优势将很快不复存在，童装品牌定位模糊、设计水平低下、技术质量不规范、童装生产企业多、知名品牌少、市场集中度低等已经成为中国童装行业继续发展的瓶颈。

随着20世纪90年代我国纺织服装业的兴起，童装产业才刚刚开始起步。童装作为服装造型艺术的一个门类，有着自身的设计规律和艺术语言，它是以儿童作为造型的对象，以物质材料、技术手段为主要表现手段的艺术形式。到目前为止，针对童装的研究相对较少，一直也没有形成完整的产业链和完善的童装设计理论体。随着社会经济、高科技的迅速发展，物联网、数字媒体的广泛运用，改变人们的生活方式和消费观念，消费者对童装需求越来越高，童装市场也逐步由

"数量消费"提升到"品牌消费"的阶段。因此，童装不再是成人的简洁缩小板和简单的拷贝、模仿，它必须随着儿童生理、心理特征的不断变化而变化。在设计的过程中，设计师也应针对儿童对服装的需求，借助于丰富的想象力和创造性思维活动，以其独特的构想，通过具体与个别，表达一般与典型，体现思维的最广阔的、多种多样的可能性。

1. 童装的品牌崛起

经历三十多年的改革开放，我国服装产业发生了质的飞跃：由最初的纯粹加工制造向设计、创造与品牌方向发展。特别是我国的童装产业，正逐步从加工、贴牌中解脱出来，真正认识到了童装知名品牌、民族品牌的重要性与影响力。以童装来说，其中好孩子(GOODBABY)、巴拉巴拉(BALABALA)、小猪班纳(PEPCOBRUNO)等一些国内知名童装品牌，集中设计工作室团队、电子商务营销团队等力量，在国内童装市场中占据了一席之地。尽管如此，随着电子商务、物联网的快速发展，童装产业的竞争日趋白热化。一方面是来自国内市场的竞争。由于指令性计划取消，童装企业的产、供、销、人、才、物等，都是由企业根据市场需求自行安排和调整不能适应迅速变化的市场就会在竞争中失败。另一方面是来自国际市场的竞争。一些发达国家的服装企业跨国集团资本雄厚，拥有当代先进核心技术、高效率的管理体制和遍布全世界的情报网络，具有压倒性的竞争优势。从世纪末一些国际知名童装品牌DISNEY、SNOOP、GAP等开始进驻一线城市，到21世纪初一些运动休闲品牌(NIKE、ADIDAS、JEEP等品牌)服装也开始有意识地大量开发童装，运用成熟的设计与营销手段策划旗下的童装品牌，继而试图占领国内童装服饰品市场。面对国内外服装行业形势的发展变化以及激烈的竞争局面，对我国的童装品牌设计提出了新的要求，

见图0-1-1和图0-1-2所示博览会品牌童装的陈列展示。

2. 童装的消费文化趋向

消费是社会再生产的一个重要过程，消费过程中体现着文化特征。……消费文化是社会文化的重要组成部分，是文化中影响人类消费行为的部分，或者是文化在消费领域中的具体存在形式。而消费文化则完全是由消费者根据个人的道德文化修养、经济承受能力、消费价值观念等对产品进行直接的评价与选择，它具有物质层面与精神层面的双重性功能，其核心精神层面决定了消费者的消费行为。体现在童装的消费文化上具体有三个方面鲜明的特征：一方面是个性化的设计理念和品牌风格，是童装品牌服饰的灵魂，也是鉴别其他童装品牌的重要标识之一；其次是高品

质的新技术、新材料、新工艺与高品质的制作技术是童装品牌服饰的物化保证；第三是小批量的产品构成与销售形式，是促进童装品牌市场快速、多变的营销模式。近年来，这种以满足消费者需求，体现消费者能力的消费文化更大限度地推动了我国品牌童装产业的迅猛发展，见图0-1-3和图0-1-4所示个性化童装的展示。

3. 品牌童装服饰的双重性：物化的消耗品和文化的消费品

品牌童装服饰与所有的服饰一样，既牵扯到感性的存在物的消耗品，又牵扯到存在物之外的文化的消费品。所谓物化的消耗品是把品牌童装的存在物的属性作为主要研究对象，是人类四大基本生活的必需品；而文化的消费品是把社会间人的衣生活作为主要研究对象，蕴含着历史、精

图0-1-1

图0-1-2

图0-1-3 ////////////////////////////////////

图0-1-4 ////////////////////////////////////

神、社会、个性、品味等多层寓意，从而决定了其消费行为、消费物品的丰富性。文化消费作为较高层次的消费，其地位和需求总量都在持续、稳定地提升，现已成为我国目前消费领域的消费热点之一。

品牌童装具有鉴别同类竞争商品、消费群体、售后服务的能力，是设计师、生产者与消费者之间的纽带与桥梁，是品质的代名词，更是再现商品的附加值、文化价值的媒介手段。品牌童装作为一种消费活动的文化，仍然是以消费者的实用性为尺度，以实用的最大效率来选择与组合购买的商品；而实用的最大性取决于购买者的消费力。科技的革新和经济的复苏大大刺激着商品的发展，人们追逐品牌、崇拜品牌，我们的生存空间已逐步被品牌所淹没，也纷纷成为商家的必争之地。而多姿多彩的生活方式、个性化的价值倾向、成熟理性的消费理念使得消费者用品牌来演绎自我，阐释别人，见图0-1-5和图0-1-6所示童装用品的展示。

由此可见，品牌童装服饰的实用性、耐用性及舒适性特性，体现了消费者对服用功能的关注，而赋予文化内涵、求新求异的品牌童装，将直接影响消费者的消费行为，也成为驱动我国童装服饰设计的动力。

图0-1-5

图0-1-6

第一章
童装的造型设计

时代的发展不断地给童装服饰设计提出新的要求，迫使设计师探索相应的表现手法和表现形式，以便再现时代的精神面貌。从这个意义上讲，时间的推移，文化艺术、科学技术的进步，人们情感和审美观念的深化，是童装服饰设计语言逐渐深化的重要因素之一。物以载道，服装的确能折射人的价值观，反映社会的文化走向。

鲁道夫-阿恩海姆指出："形状，是眼睛所把握的物体特征之一，……我们看到，三维物体的边界是二维的面围绕而成，而二维的面又是一维的边线而成。对于物体的这些外部边界，感官可以毫不费力地把握到。"因此，童装服饰设计需要设计师有相应的设计题材出现，诚然，艺术设计中的题材往往会重复再现，但是每个时代的设计师都会赋予这些题材以新的元素，提出新的问题。

一、儿童服饰的发展简介

1. 童装的概念

童在汉语中泛指未成年人，由此衍生出垂髫、束发、孺子、童子等相应的词汇。垂髫、童孺、稚儿、膝下是古代对儿童的称谓。《后汉书·吕强传》就有描绘儿童的诗句"垂发服戎，功成皓首"。垂发即髫，指古代儿童犹未束发时自然下垂的短发，代表三四岁至八九岁的儿童，因而就用"垂髫"（又叫"总角"）称幼儿或指人的幼童时期。孺子：作老人对年轻后生的称呼。有《史记留侯世家》中"父去里所，复还，曰：'孺子可

教矣。'"而得名。束发一般则是指青少年时期。但我国正真意识到童装行业的重要性、综合研究童装还是从20世纪的90年代开始迅速发展。

在中国质检出版社《儿童服装标准汇编：GB/T1557—2008服装术语》中2.17少男服装（boy′s clothes）的定义是：适合少男穿着的服装；2.18少女服装（girl′s clothes）的定义是：适合少女穿着的服装；2.19儿童服装（children′s wear）的定义是：适合儿童穿着的服装；婴幼儿服装（infant′s wear）的定义是：适合于年龄在24个月及以内的婴幼儿穿着的服装。从这些服装术语中可以看出，对童装的界定除了婴幼儿服装外其他相对都比较模糊。

在《中华人民共和国出入境检验检疫行业标准：儿童服装安全技术规范》ST/T1522—2005 [1]中，婴幼儿服装（Clothing for baby）的定义是：指年龄在24个月以内的婴幼儿穿着的服装。

在崔玉梅编著的《童装设计》中给童装的定义是："童装即儿童服装，是指未成年人的服装，它包括婴儿、幼儿、学龄儿童以及少年儿童等各年龄阶段儿童的着装。"郝瑞敏编译的《文化服装讲座：童装·礼服篇》中没有给童装以明确的定义，它在"儿童的成长与设计"一节中依据儿童的成长阶段及其特性把儿童归为：第一儿童期（0~7岁）和第二儿童期（8~20岁）。

由此可见，儿童服装简称童装，即未成年人的服装。由于儿童不断生长的体型变化、心智性格的成长，根据其年龄、生理特征来划分不同时

期的童装相对比较科学合理。广义的童装是指儿童与衣服的总和，是人着衣后所形成的一种状态，它涵盖儿童服饰的全部，如内外、上下的衣服，从上而下的配套饰品等。狭义的童装是指遮盖人体的染织物——衣服，是一种纯物质的存在，不涉及人的因素。

2. 童装的演变简史

纵观中外服饰史的发展，19世纪前的童装一直依附于成人服饰，是成人服饰的缩小版与简洁版，而真正形成符合儿童生理特征、心理特征要求的童装，是在19世纪服装产业发展以来才逐步形成独立的、有针对性的童装服饰及其衍生产品，涌现出一大批国内外童装知名品牌和童装设计师。

2.1　欧洲儿童服饰的发展

在19世纪早期欧洲童装的独立设计已逐渐形成，从绘画作品中已经出现有别于成人服饰的儿童服装，但5岁以下的儿童服饰男女童装的界限比较模糊，5岁以后男女儿童服饰在服装的基本形态、色彩的选择才开始有一定的区别。小女童的裙长短至膝盖以上，内着长衬裤，中女童和少女装的裙长短至小腿中部，同样内着长衬裤，19世纪后期，女童的裙内才由长筒袜代替长衬裤；中大男童的服饰依然是成人男装的小型版，如西服、衬衫、马甲等。例如海军领的水兵服装，最早在19世纪被海军学校的学生们穿用，后期才被引入童装中。海军领的特点是一种贴服于前后衣身，无领座的大披肩翻领，一般采用白色为领子的主打色，领子外延分别镶有两条蓝色的嵌条作装饰，色彩对比强烈、醒目。开始仅仅在男童夏季的上衣衬衫或套装上使用，后逐渐蔓延至女童的衬衫或裙套装中。20世纪初，海军领服装在世界各国的儿童服饰中广泛流行，成为儿童服饰的一种服饰符号。

20世纪二三十年代是童装的变革和迅猛发展

阶段，也是形成现代童装基本格式的重要历史时期，儿童服饰设计开始向功能实用、简便舒适、健康安全及更适应儿童人性化方面发展。如纯功能性的直线条童裙或A型服装在儿童服装中出现，而超短裙、胸围线以上横向分割线连衣裙等造型也被大量运用在童装设计中。40年代以后，蝴蝶结、荷叶边、蕾丝花边、饰带等装饰手法继续应用到童装设计中，更加体现了女童服饰的童趣、活泼和娇美。

2.2　中国儿童服饰的发展

我国儿童服饰自古就有许多儿童的专用品，如虎头帽、围涎、褓褓、肚兜、毛衫、百家衣等，但作为服饰的一大门类，一直缺乏一个儿童专用的统称或泛称。在古代文献资料中针对童装的研究和描述也较少，而晚清以后童装的资料相对较多。

清代的儿童服饰基本上也是成人服饰的缩小版，但保持了很多明代的服饰元素，如领下胸前有领抹的对襟褂子，颇似明代的上衣也称道衣，是父母为幼儿避邪之用。

民国时期的儿童服饰方面随着东西方文化的交流，政府"新生活运动"的推进，开始出现儿童穿着的背带裤、校服。当年的男生校服是立领学生套装，女生校服是中式的短袄裙套装，即白衣或浅蓝上衣，着黑色或藏青色裙子，这类男女服装也被戏称为"五四青年装"。

新中国成立后的儿童服饰之初方面由于缺乏对儿童服饰科学的认识，以及受国家政治、经济、文化的影响，儿童服饰色彩与款式较单一、陈旧，一件服装基本"大孩子穿了接着小的穿，缝缝补补又三年"的状况，儿童服饰的功能多表现在遮羞、防寒保暖等方面。20世纪90年代后，我国的儿童服饰开始进入快速发展阶段，儿童服饰在款式造型、色彩搭配等方面呈现多元化趋势，儿童服饰的制作也开始考虑儿童的身心特点，服装企业也开始意识到童装市场的潜力，逐步推出自己的品牌和衍生产品，如巴拉巴拉、小猪班纳、网球王子等一些国内知名童装品牌。再例如我国著名童装品牌好孩子，主打产品以婴幼儿的童车起家，在此基础上开发一系列的衍生产品：婴儿幼儿桌椅、婴幼床、婴幼儿服装、背包、鞋袜等儿童耐用品，同时还与国际知名品牌合作，代理包括NIKE KIDS（耐克）、QUINNY等世界知名儿童用品品牌，由中国最大的儿童用品制造商到国际儿童品牌代理商的转变。层出不穷的童装衍生品类，主动性、创造性的影像图片和体验式的玩具消费，均为童装的设计和新一轮童装品牌的升级提供新的发展模式。

二、童装的分类

童装依据类别的不同而划分为不同的种类，通常消费者会以小童、中童、大童来区别童装，但现代童装行业多以年龄段的标准称谓童装，根据性别称谓男童装和女童装。童装按年龄的差异又可分为五个阶段，即婴儿期（0～1周岁）、幼儿期（1～3岁）、学龄前期（4～6岁）、学龄期（6～12岁）和少年期（12～16岁），被分别称谓婴儿装、幼儿装、少儿装、少年装和青少年装。童装按其形态的不同还可分为：上衣、裤子、裙子（短裙和连衣裙）、外套、套装、T恤等；按四季的变化可分为：春装、夏装、秋装和冬装；按用途的需要具体分：日常休闲童装、童礼服、运动童装、学生校服和睡衣睡袍等；从童装的功能还可分为：内衣、内裤、背心等。

童装产品一般选用梭织面料和针织面料，成品根据面料性能选择相应的标准，因为面料不同标准考核的指标内容不同。根据国家对儿童服装材料的甲醛含量、pH值、色牢度等标准划分：A类：婴幼儿用品，甲醛含量≤20mg/kg；B类：直接接触皮肤的产品，甲醛含量≤75mg/kg；C类：非直接接触皮肤的产品，甲醛含量≤300mg/kg；A类和B类产品PH值允许在4.0～7.5范围，C类产品PH值允许在4.0～9.0范围。

A类婴幼儿用品，耐水、耐汗渍色牢度合格以上的要求≥3～4级，耐干摩擦、耐唾液色牢度要求≥4级；B类和C类产品耐水、耐汗渍、耐干摩擦色牢度都要求≥3级，3类产品均要求无异味，禁止使用在还原条件下分解出芳香胺染料的面料。

例如：梭织面料童装产品，主要按FZ/T81003-2003《儿童服装、学生服》标准考核（除GB18401-2003标准考核的内容外），产品标准中考核服装标识、外观缝制质量、耐洗色牢度、耐湿摩擦色牢度、耐干洗色牢度、耐光色牢度、成品主要部位缩水率、起毛起球、纤维含量等指标。

针织类童装产品，主要按FZ/T73008-2002《针织T恤衫》、FZ/T73020《针织休闲服装》、GB/T8878-2002《棉针织内衣》等标准考核（除按GB18401-2003标准考核外），产品标准中考核标识、外观质量、耐光、汗复合色牢度、耐洗色牢度、耐湿摩擦色牢度、水洗尺寸变化率、水洗后扭曲率、弹子顶破强力、起球、纤维含量等指标。

三、童装的设计

服装是典型的个人消费品，个人之间的种种差异导致了消费者对服装需求的千变万化，因此，消费者才是服装最后的终结者。近年来，国内童装的市场环境发生悄然的变化，因家庭经济购买能力的不同而异，新一轮的消费群体诞生。家长和孩子对童装服饰的终端营销手段、消费方式及产品唯一性的消费需求提出了新的要求，消费和购买的标准也由过去满足量的需求和实用功能向追求童装的品质、设计、文化转变，尤其是一季多衣、分层别类的需求，随儿童年龄差异不断变化的体型，使童装的消费保持可持续的发展态势，出现了设计迥异、色彩斑斓的童装风格。

1. 清新可爱型童装设计

清新可爱型童装指色彩以粉色系为主，款式常常借鉴西式宫廷服饰或民族传统服饰，轮廓造型柔和，追逐自然的线条和美丽装饰，带有柔美清新的自然气息。细亚麻布、府绸、棉质细纱以及网眼蕾丝、刺绣拼接让原本不明显的材料充满生机，并与帆布挎包、同色蝴蝶结等饰品相搭配，来演绎一种自然、清新的儿童服饰时尚，见图1-1-1~图1-1-3所示效果图。

图1-1-1

图1-1-2

图1-1-3

2. 运动休闲类童装设计

运动休闲类童装是儿童服饰中最普遍、最受欢迎的服饰风格之一，受运动、旅游的启迪，儿童们也可以打扮得像运动员或旅行家一样，在优雅实用的昔日休闲服饰中加入运动达人的舒适新潮元素，这类服装基本款大胆采用各种鲜艳的颜色，图案极富冲击力，都以穿着舒适、轻松，视觉效果靓丽为设计的主题，见图1-1-4 ~ 图1-1-8所示效果图。

图1-1-4 ////////////////////////////

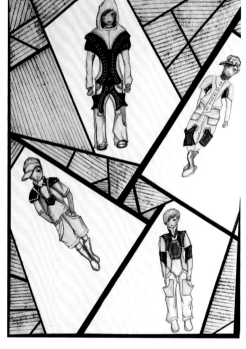

图1-1-5 ////////////////////////////

图1-1-6 ////////////////////////////

图1-1-7

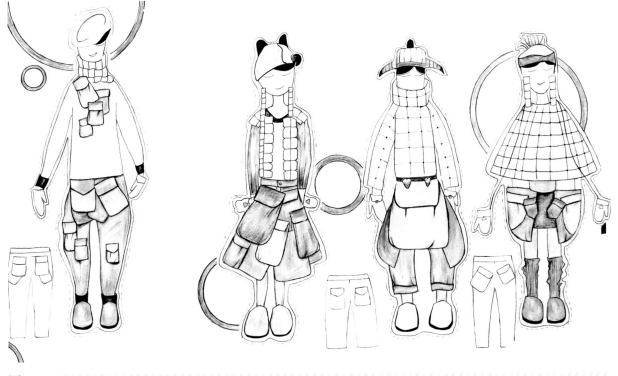

图1-1-8

图1-1-9

唐代王勃在《滕王阁序》中写道："十旬休暇，胜友如云"。休暇之意本在休闲，而休闲则是突出表现了以人为本的思想。古人知之而今人亦知，且强调休闲权益，质量的品味进而放松。随着时代的进步，消费者对童装设计的要求也越来越高，摒弃了对身体机能产生严重危害的服饰，开始意识到服装功能的重要性，而以人为本的思想深入人心，这种"回归自然，返朴归真和以人为本"思想成为童装设计时代的主题。

3. 趣味卡通类童装设计

以儿童的情绪、情感为设计主线的趣味卡通类童装，将动漫人物、趣味字母以及仿生动植物融人童装服饰，通过内部结构线的分割、外形轮廓的塑造以及新颖的加工工艺来展现儿童稚趣。例如在童装设计中运用各式各样的 "字体符号"，"X""A""O"等轮廓造型，海绵宝宝、喜洋洋、灰太狼等动漫人物来表现童装的趣味性，旨在从稚趣上表现出儿童服饰的风格，见图1-1-9 ~ 图1-1-13所示效果图。

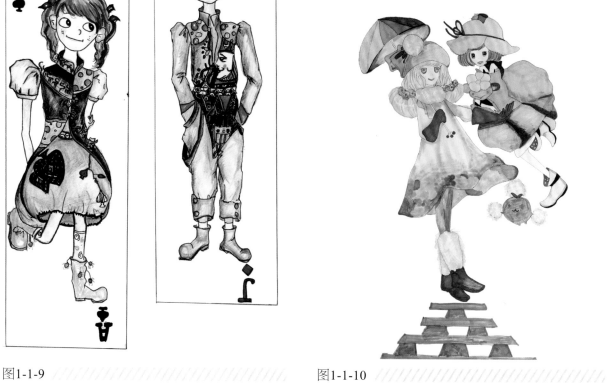

图1-1-10

图1-1-11

图1-1-13

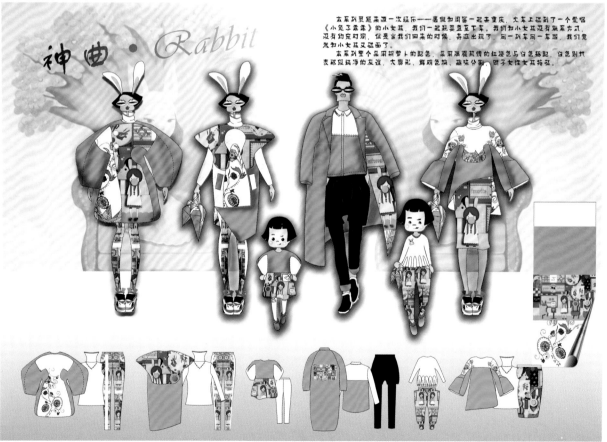

图1-1-12

4. 英伦与学院风范的童装设计

源自于英国皇家海军装备服,富有英式纯雪兰毛的双排牛角扣粗呢大衣、苏格兰格子面料、精致的工艺等都无时无刻透着英伦贵族的气息。早在二次大战前,英国裁缝设计的圆领、天鹅绒材质拼接的英伦风格大衣,有很长一段时间垄断了大衣的风格。此外,传统苏格兰格子、开襟针织衫、苏格兰短褶裙、英式风衣等是儿童时尚永恒的代名词。

21世纪初,深色配上明亮的条纹,条纹或格子加上显眼的图案,休闲而不失优雅的学院校服之风吹进儿童的衣橱。学院风(Preppy)来自美国,最初是为常春藤盟校:哈佛大学、哥伦比亚大学、耶鲁大学等学校的预科生设计的,学院风透出的精英、优雅气质一时让全球的学生风靡,孩子们希望穿上造型简洁干练的马球衫(Polo衫)[1]、条纹开襟衫、百慕格子大短裤或卡其布裤[2],像大哥哥们一样勤奋、优秀,见图1-1-14和图1-1-15所示效果图。

图1-1-14

图1-1-15

---

[1] 马球衫又称Polo衫。其基本款式造型前短、后长,下摆左右侧缝开衩。它是由里聂·拉寇斯特(Rene Lacoste)自创品牌Lacoste中所推出的有领运动衫,现普遍运用在各类休闲类服饰中。

[2] 卡其布裤子又称奇诺裤(Chino),是一种采用斜纹面料按照西装裤的造型裁剪,是介于正式西裤与休闲牛仔裤之间的裤子。

5. 传统民族风格的童装设计

时尚的回归，童装设计重新找回了原汁原味的感觉，在经受住时间考验的风格中，传统民族元素在童装设计中被广泛地运用。这类童装有的以民族服饰的基型为雏形，有的以地域文化为设计灵感，将新材料、材料再造、民族色彩等设计元素融入时尚，来强调童装的装饰感和时代感。传统民族风格的童装一般采用颇具特色的服饰造型，具有民间寓意和特色的装饰纹样，强烈的对比色、充满泥土风味的色彩组合，以及刺绣、镶嵌、缎带等装饰来突出服装的设计风格，见图1-1-16 ~ 图1-1-21所示效果图。

图1-1-16 ////////////////////////////

图1-1-17 ////////////////////////////

图1-1-18 ////////////////////////////

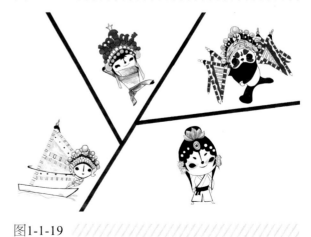

图1-1-19 ////////////////////////////

图1-1-20

图1-1-21

6. 夸张诙谐型童装设计

改变视野角度，解构服装造型，让尺度多变，即用超现实的方式改变物件的原型，让人有出乎意料的视觉冲击力。通过这些看起来不搭调、怪异、有新意的组合，彻底改头换面童装的设计，像万花筒一样混合自成一种搭配。夸张诙谐的童装受抽象艺术、波普艺术、嬉皮士等姐妹艺术的影响，不约而同地以儿童的怪异魔幻、超现实想象、大胆的造型来设计童装，分割线条的无规则设计和结构装饰手法的多变，无不突出表现童装的标新立异。夸张诙谐的童装设计表现出一种对传统着装理念的颠覆和叛逆，模糊时尚与经典、传统与现代，结构中多出现异于常规的不对称分割线，领部、肩袖部、腰部等有魔幻般的装饰设计，多层立体袋、卡通纹饰、铆钉、磨砂等装饰手法，以及各类涂层、仿皮新型材料的综合运用，为童装的设计开拓了想象空间和创作空间，见图1-1-22～图1-1-25所示效果图。

图1-1-22

图1-1-23　　　　　　　　　　图1-1-24

图1-1-25 //

7. 时尚成熟型童装设计

时尚成熟型童装风格是童装设计倾向一个全新的概念，它是指在儿童服饰的设计中渗入成人的服饰审美价值理念，在款式造型、装饰元素、服饰搭配等方面具有成人风格倾向的服饰特点，这种时尚成熟的设计元素或多或少地展现在各大童装品牌、童装配饰中，见图1-1-26～图1-1-28所示效果图。

国际著名CI设计大师日本的中西元先生曾说："设计离不开它服务的对象。"时代下的设计市场定位必须先考虑顾客消费需求，选择相应的目标，制定相应的产品定位。在消费观念逐渐理性化的趋势下，由于市场上消费者的年龄层次、生活方式、性格品味不尽相同，并非人人都时刻追赶潮流，有人保持矜持，有人偏重品质成熟高雅的童装，有人则对廉价物美的童装情有独钟。因此，传统消费结构的打破，千人一款的年代已一去不复返，消费者对童装关心更多的是设计的流行性、品牌的知名度和着装的个性化。

图1-1-26 ///////////////////////////

图1-1-27

图1-1-28

知识链接：童装设计的基本属性

　　在传统童装设计过程中，设计师和生产厂商往往会注重产品的外观造型设计和成本控制，从艺术设计学角度观察，童装造型美和图案意寓在整个设计要素中比重最大，同时从材料学和人体工程学角度出发，兼顾了服装面料和辅料性能对人体舒适性产生的影响[1]。因此，童装设计应根据儿童天真无邪、活泼自然等特点，汲取适应儿童特点的国内外品牌设计的精华，运用动漫卡通人物元素、三维立体造型、活泼可爱的图文色彩，将趣味性、识别性、安全性等因素融入童装品牌的设计中，来适应现代童装市场的消费需求。

1. 童装设计的趣味性特征

　　优秀的童装品牌不仅能以新颖的造型，在消费者购买商品时，赋予第二次美感，而且能给童装提供最佳的促销氛围，尤其利用服装配饰造型的童趣、暗示，充分体现童装特定的优势与价值。

　　童装造型设计主要有二维空间的平面造型和三维空间的立体造型两大类。在二维空间的平面造型中，突出材料的图文设计，一种是常以材料的规则与不规则几何图、趣味动植物、卡通人物等造型设计为主，外部轮廓造型简洁明快。另一种是多边形、折叠等立体廓型为主，配以适当配件，使得服装更具动感和可视性。例如童装服饰延伸设计之一的童装羽绒服吊牌，它采用袋装式制作原料毛线纱线的展示、气囊式羽绒成分含量的展示。同时，根据童装的风格、定位适当地将游戏、模型、卡通等时尚元素融入吊牌的设计中，使得儿童在购得新衣的喜悦中，享受动手操作、实践目标的乐趣，一方面吸引孩子和家长的购买欲，另一方面儿童在操作实践中启发智力，获得

乐趣，这款将趣味性与实用性结合的童装吊牌设计，有效地达到促进消费、宣传产品的作用。

2. 童装设计与图文色彩的识别性特征

　　在数字化、信息化特征日益明显的今天，人类渴望更加快捷、方便的无障碍交流，品牌设计则顺应了时代的需求，它是一种特殊的语言形式，以其高度概括和简约的形式，表达出丰富而深邃的内涵。具有个性化特点的童装设计，通过图形设计、文字编排、色彩的组合搭配成为童装品牌形象设计的要素而被企业高度重视。

　　在文字和图形的设计上，据统计魅力无限的艺术字体、卡通人物、夸张图案这三项在童装设计元素中遥遥领先，占据主导地位。而童装的色彩设计可选项较丰富，它以服装标准色的渐变色或对比色为主线，可通过色彩的情感传递、卡通的轮廓造型区分服装的性别、类型等信息。例如服饰的色彩选用粉红的渐变色系，简洁的动物外轮廓造型，形象生动的动物神态，从这些细节一目了然此童装为女童服装。

---

[1]　杨小艺，洪文进，沈雷，唐颖.基于智能化安全童装的评价体系建立[J].纺织导报，2014（8）：66—67.

3.童装设计的安全性特征

随着人们的健康意识、生态意识、安全意识的逐渐增强，童装设计的安全性（主要包括面料安全、款式安全和工艺安全等）成为童装服饰的主要指标体系。在ST/T1522—2005《中华人民共和国出入境检验检疫行业标准：儿童服装安全技术规范》中规定了儿童服装的安全技术要求、试验方法、抽样和检验规则。本标准适用于各类儿童穿着的服装。在GB/T22705—2008《童装绳索和拉带安全要求》、GB/T22704—2008《提高机械安全性的儿童服装设计和生产实施规范》以及GB/T23155—2008《进出口儿童服装绳带安全要求及测试方法》等国家标准中规定了儿童服饰的安全标准，童装设计应当充分考虑一切会对儿童生理和心理产生安全隐患和威胁的因素，并以此采取相应措施得以消除。

因此，童装设计不仅要将儿童的情感、触感融入设计中，还要在一定程度上以儿童的接受程度和安全性能作为衡量设计价值的标准。在此基础上，一方面根据童装的价格定位、消费群体，可选择使用不同档次的材料与制作工艺。另一方面，为了突出童装品牌的风格、创新，大多选择一些特殊材质且与童装风格相匹配的材料制作。因此，考究的制作工艺和特殊的肌理设计有助于表现童装服饰的品质和做工；精美、古朴的材料能够表达童装服饰的风格；典雅、亮丽的色彩传递出童装服饰不同的定位。

第二节 | 童装的排版与产品质量要求

一、面料的排版

1.面料的排版

面料的排版也称排料，通常分为两类情况。一类为工业排版：主要是以多层多码同时单面电脑排版，采用人机半自动裁剪设备，或全自动裁剪床裁剪方式；另一类为手工式排版：都以单件单层或双层手工排版，采用人工剪刀单件裁剪的方式。

工业排版：根据工业制单的要求，见图1-2-1所示的款式结构图制单，图1-2-2所示的结构图细节制单，一般须掌握"先大后小，同层同款"原则，即裁片部分先排大部件后排小部件，尺码采用是大尺码与小尺码搭配排版，在同一层布料上完成同一款式所有

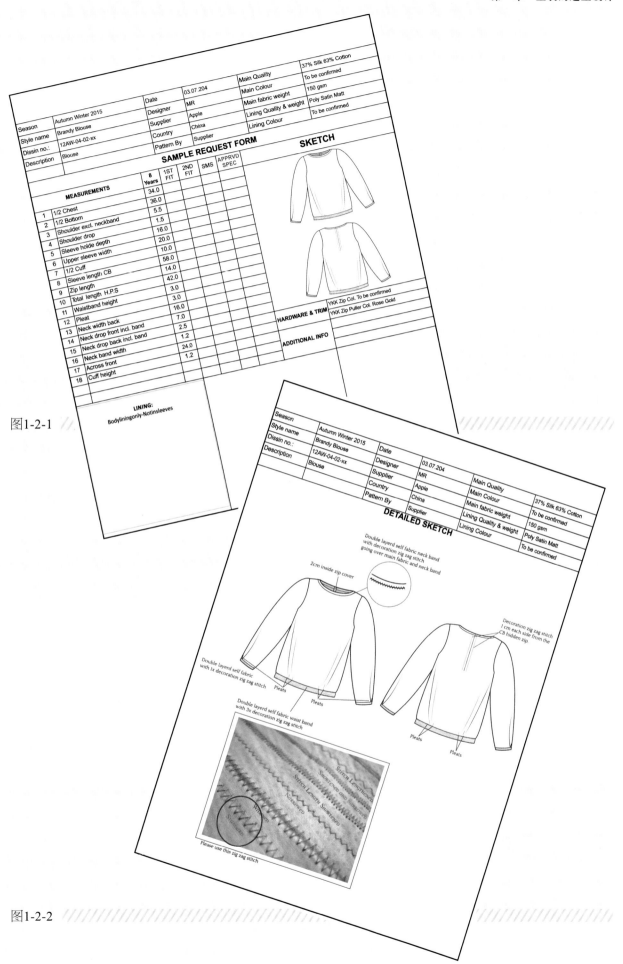

图1-2-1

图1-2-2

裁片的排版，例如2015 秋冬8岁SKETCH多套童装的排料，见图1-2-3和图1-2-4所示的服装CAD面料、里料3套排版图。先将大部件沿丝缕线（即经纱方向）水平垂直放平，按序排放小部件和零部件，通过电脑自动排版后打印在裁剪纸上，接着放在铺好的多层面料上，起动裁床完成裁剪工作，特点是省时高效。见图1-2-5所示学生设计作品《花园精灵》的无袖背心裙效果图和图1-2-6所示的单件无袖背心裙排料图。

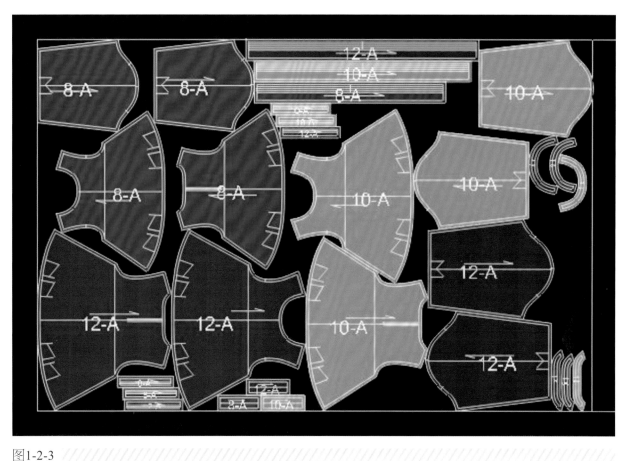

图1-2-3

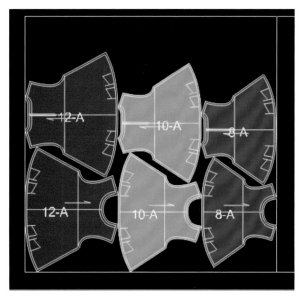

图1-2-4

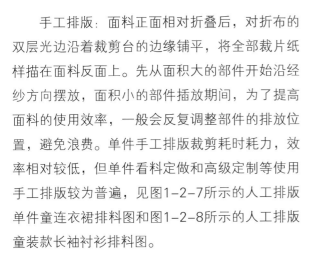

图1-2-5

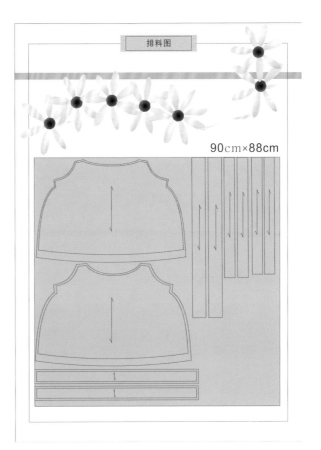

图1-2-6

手工排版：面料正面相对折叠后，对折布的双层光边沿着裁剪台的边缘铺平，将全部裁片纸样描在面料反面上。先从面积大的部件开始沿经纱方向摆放，面积小的部件插放期间，为了提高面料的使用效率，一般会反复调整部件的排放位置，避免浪费。单件手工排版裁剪耗时耗力，效率相对较低，但单件看料定做和高级定制等使用手工排版较为普遍，见图1-2-7所示的人工排版单件童连衣裙排料图和图1-2-8所示的人工排版童装款长袖衬衫排料图。

在排版过程中，针对不同的部件和经纬纱工艺要求，面料的排版尽不相同。例如领面和领里

的排版，领里为了领子造型的需要，一般采用后中心线断缝，经纬纱呈45度斜料裁剪，形成里外匀[1]和窝势（翻领工艺术语）；但对于竖、横差异不大的布料，后中心连裁也可以，一般运用于童装翻领和女装翻领。再如有毛绒倒顺方向、阴阳格或花纹朝向的面料，要根据倒顺毛的方向、阴阳格的方向、花纹的朝向决定纸样的上下方向，一般朝着相同的方向排列。即使是一些看不出毛绒的单色、无花纹的面料，也要察看光泽倒顺差异，确认是否会出现因反光不同而造成色差。

其次留出适量的缝份用于修正。在对合必要的条子、格子等时，由于条格衬衫和童装西服礼服在

---

[1]　里外匀：缝制用语，亦称窝势、吃头，是为了符合人体工学要求，缝合双层以上面料时所采用的工艺之一，即外层均匀地比里层长一点。

图1-2-7

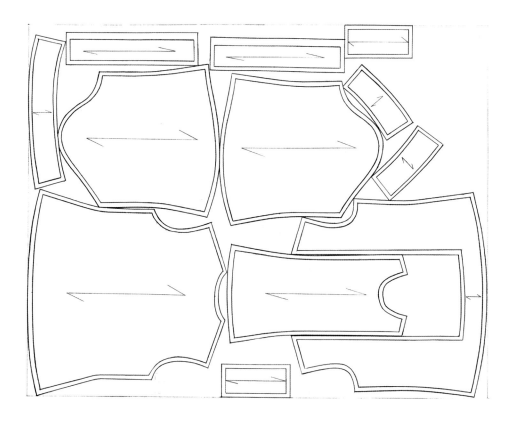

图1-2-8

修正时常常出现条格错开现象，因此袖子最好用其他衣服的剩布或粗布进行假缝，试穿的时候要根据体型和设计进行补正。

2. 特殊面料的裁剪

2.1　对格对条对花纹的裁剪要点

针对条格、印花或喷绘印花面料，首先观察条格、花型的特征，抓住花纹、条格重复的规律，看清楚排料时是否能插入或翻转纸样，见图1-2-9所示条格面料的整理。

其次整理条格面料的丝缕方向。为防止裁剪时上下裁片错位，常常先粗裁，在原有裁剪纸样上纵向、横向各放出1～2个条格宽度，然后对齐上下层进行修正裁剪，见图1-2-10所示童装连衣裙的对格对条排料。

最后，先裁剪上层的布料，按其边缘对齐上下层布料的条格后，再一片一片地裁剪下层面料，见图1-2-11所示无袖背心裙门襟左右的对格对条裁片和图1-2-12所示无袖背心裙侧缝阴阳条格的对格对条裁片。

图1-2-9

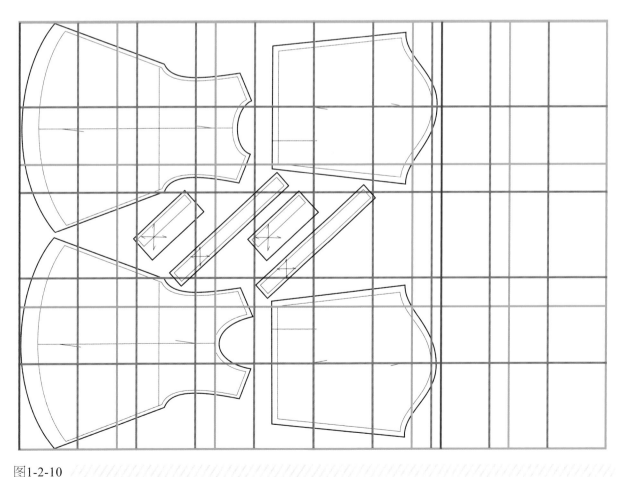

图1-2-10

图1-2-11

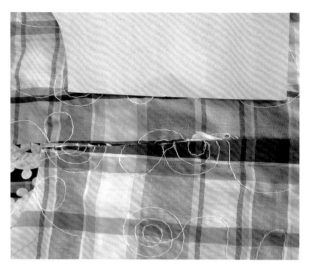

图1-2-12

2.2　对格对条对花纹的关键部位

针对童上装对格对条对花纹的关键部位：左右门襟、后背中缝、侧缝及袖子的条格。上装的袖子对格对条难度最大。

纵向条格——纵条格线通过袖中线，或者在纵格与纵格的中央通过。

横向条格——前衣身的肩点向下约8cm的位置与在袖山弧线上量取8cm+1cm左右吃缝量位置的水平线(袖子的横格)对齐。

袖子的吃势[1]量由于面料和形状的差异而有所不同，秋冬套装的吃势量较大在1.5～3.0cm之间，装袖复袖子时将所放吃势量做入大身中，使袖子的袖山显得圆润而饱满。

二、辅料的配备与裁剪

追溯历史，服装辅料的演变经过相当漫长的过程，在商代甲骨文中，开始有织帛、制裘、缝纫的记载。作为服装的主要材料之一——辅料，必须对各类服装具有广泛的适用性，并能与面料及服装的功能要求相配伍，真正起到画龙点睛的作用。

1. 里料的配置

常常根据童装款式或品牌质量的需要，在高档童装或春秋童装中配置相应的里料，起到保暖、塑型的功能。

1.1　里料裁片的缝份量

在服装面料裁片毛样的基础上，上衣片：前、后衣片纬向各放出0.3cm，下摆缩进1.5cm，注意前片里料的裁剪；袖片（二片袖）：袖内外侧缝各放出0.3cm，袖山内顶端放出2.5cm，袖山外顶端放出3.0cm，袖山中心点放出0.3cm，见图1-2-13所示插肩袖斗篷式女童上衣的缝份。

1.2　里料的排版

基本上与面料的经纱方向（即丝缕线）一致。里料有明显的文字、图形、方向性和伸展，要发挥其性能，利用其方向裁剪，使得里料的垂性与面料保

---

[1]　吃势：亦称吃份，是衣片某部分收缩的量，缝制时将大出的部分做进去，做入的量称之为吃势。

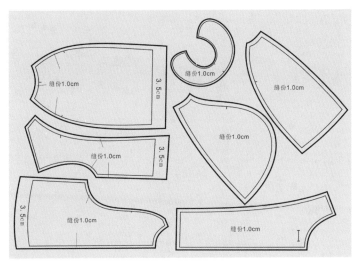

图1-2-13

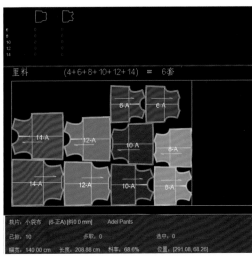

图1-2-14

持一致，确保成衣外观的美观，见图1-2-14背心裙里料的排版。

2. 衬的配置

2.1　衬的做法

为使服装的外表挺括美观，在服装某些部位需黏相应的黏合衬布，它使用部位分为前衣片、零部件两种类型，由黏合设备对需加黏合衬的裁片进行黏合加工。衬用在前衣片部分的时候，采用中等厚度衬黏贴，讲究的是各部位的成型；在领尖和底领上黏贴一层加强衬，是为了使其坚固。另外，在做比较柔软的衣服时，用同种色系、轻薄柔软的真丝衬，此衬轻柔、服贴，可使用于所有的部位。

2.2　衬的纱向

一般在使用时，衬丝缕方向基本上与面料的经纱方向一致。有的衬有明显的方向性和伸展，要发挥其性能，利用其方向裁剪，烘托材料与服装造型。

2.3　衬的缝份

衬的缝份比面料稍微小一些。从外层看，衬不能从贴边和缝份边上显露出来。如需要试穿补正的高档童装，可在补正后黏衬，也可裁片黏衬，但前

衣片和领底使用的黏合衬，需黏贴后在假缝之前裁剪。贴衬之后使用净板画出净缝线、点位、标识对合等位置，再画出服装裁剪的外部轮廓形状。

三、面辅材料的计算与质量要求

1. 多层半袖连衣裙的用料计算

1.1　连衣裙的款式图和工艺细节要求

连衣裙的款式特点：收腰合体式全夹里连衣裙，适用年龄8岁女童，无领，半袖三层，后背装拉链，领口使用装饰线，见图1-2-15所示多层半袖连衣裙的款式图和图1-2-16制单的工艺细节要求。

1.2　面料计算

门幅：140cm，采用8码、10码、12码三档尺寸进行多层排料。用料：295.06cm/3件，单件用料为98.35cm，利用率为：71.8%，见图1-2-17所示三档连衣裙面料工业排版。

1.3　里料计算

门幅：140cm，采用8码、10码、12码三档尺寸进行多层排料。用料：221.74cm/3件，单件用料为73.91cm，利用率为：75.0%，见图1-2-18所示三档连衣裙里料工业排版。

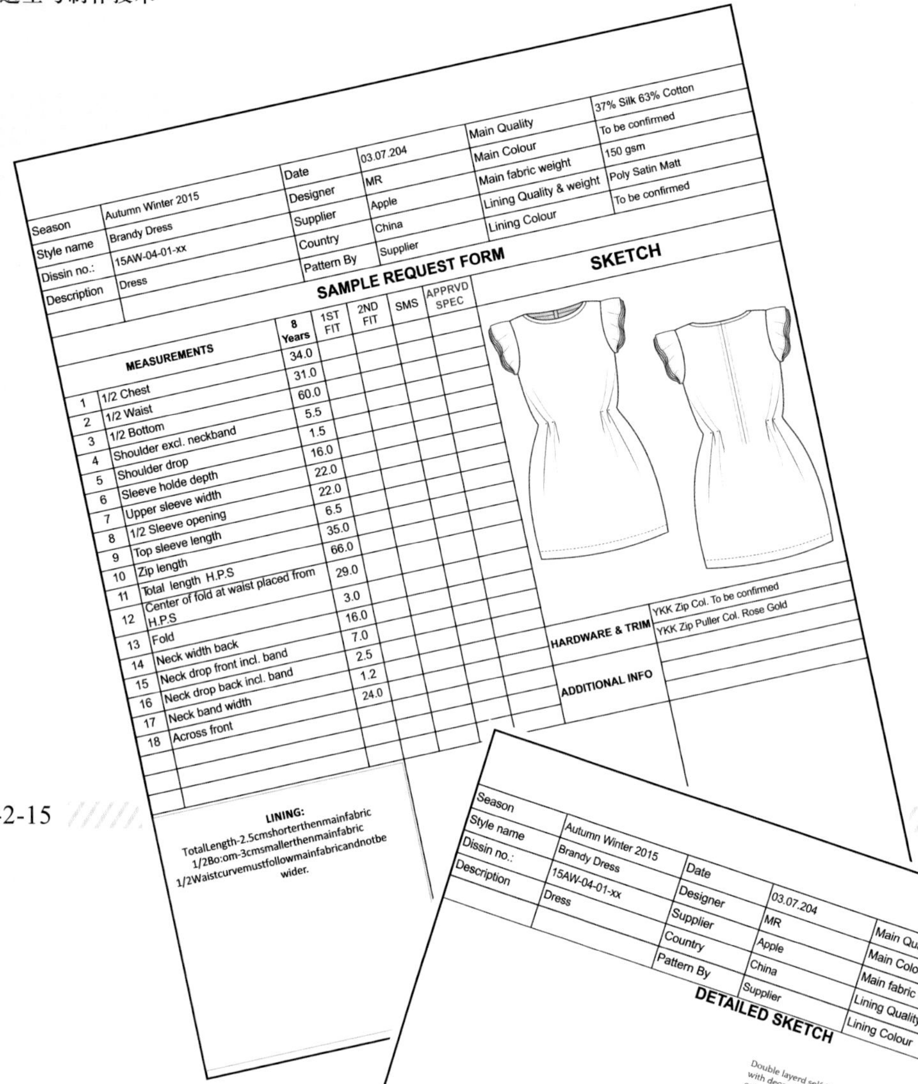

SAMPLE REQUEST FORM

Season	Autumn Winter 2015	Date	03.07.204	Main Quality	37% Silk 63% Cotton
Style name	Brandy Dress	Designer	MR	Main Colour	To be confirmed
Dissin no.:	15AW-04-01-xx	Supplier	Apple	Main fabric weight	150 gsm
Description	Dress	Country	China	Lining Quality & weight	Poly Satin Matt
		Pattern By	Supplier	Lining Colour	To be confirmed

SKETCH

		8 Years	1ST FIT	2ND FIT	SMS	APPRVD SPEC
	MEASUREMENTS	34.0				
		31.0				
1	1/2 Chest	60.0				
2	1/2 Waist	5.5				
3	1/2 Bottom	1.5				
4	Shoulder excl. neckband	16.0				
5	Shoulder drop	22.0				
6	Sleeve holde depth	22.0				
7	Upper sleeve width	6.5				
8	1/2 Sleeve opening	35.0				
9	Top sleeve length	66.0				
10	Zip length	29.0				
11	Total length H.P.S	3.0				
12	Center of fold at waist placed from	16.0				
13	H.P.S	7.0				
14	Fold	2.5				
15	Neck width back	1.2				
16	Neck drop front incl. band	24.0				
17	Neck drop back incl. band					
18	Neck band width					
	Across front					

HARDWARE & TRIM
YKK Zip Col. To be confirmed
YKK Zip Puller Col. Rose Gold

ADDITIONAL INFO

LINING:
TotalLength-2.5cmshorterthenmainfabric
1/2Bo:om-3cmsmallerthenmainfabric
1/2Waistcurvemustfollowmainfabricandnotbe
wider.

图1-2-15

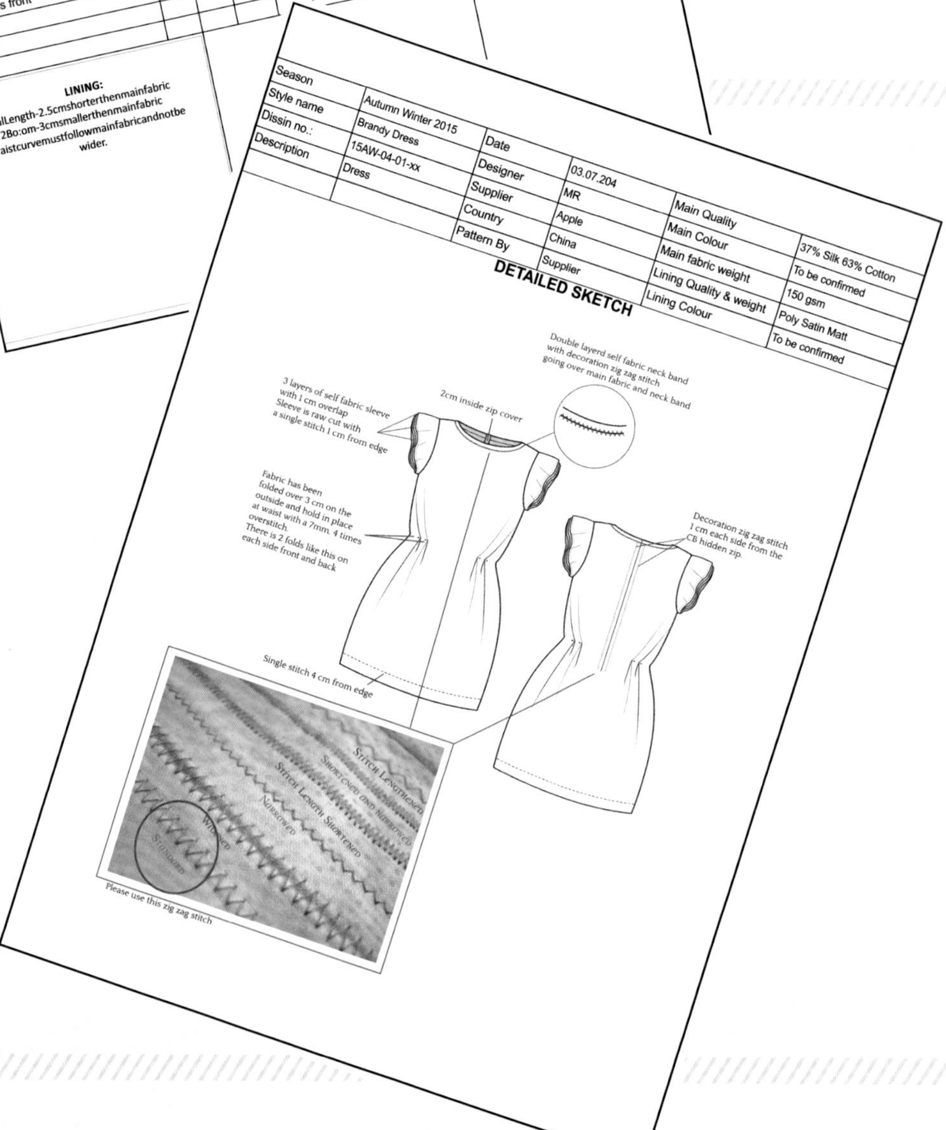

DETAILED SKETCH

Season	Autumn Winter 2015				
Style name	Brandy Dress	Date			
Dissin no.:	15AW-04-01-xx	Designer	03.07.204	Main Quality	
Description	Dress	Supplier	MR	Main Colour	
		Country	Apple	Main fabric weight	37% Silk 63% Cotton
		Pattern By	China	Lining Quality & weight	To be confirmed
			Supplier	Lining Colour	150 gsm
					Poly Satin Matt
					To be confirmed

3 layers of self fabric sleeve with 1 cm overlap
Sleeve is raw cut with a single stitch 1 cm from edge

Double layerd self fabric neck band with decoration zig zag stitch going over main fabric and neck band

2cm inside zip cover

Fabric has been folded over 3 cm on the outside and hold in place at waist with a 7mm 4 times overstitch.
There is 2 folds like this on each side front and back.

Decoration zig zag stitch 1 cm each side from the CB hidden zip.

Single stitch 4 cm from edge

Please use this zig zag stitch

图1-2-16

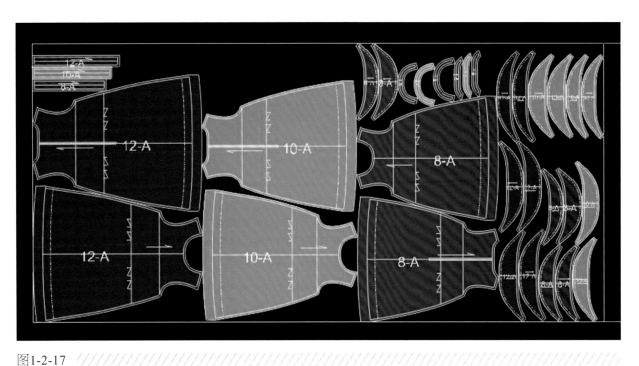

图1-2-17

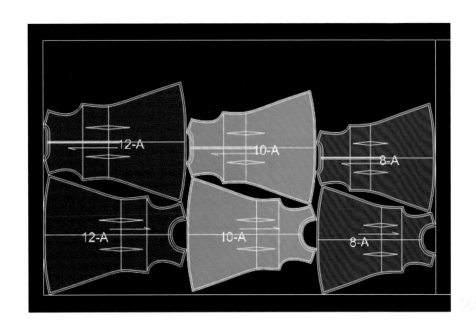

图1-2-18

2. 休闲斜插袋长裤的用料计算

2.1 休闲斜插袋长裤的款式图和工艺细节要求

休闲斜插袋长裤的款式特点：牛筋装饰腰头，斜插袋小脚口单缉线休闲长裤，适用年龄8岁女童，后裤片分别为人造皮革嵌条，见图1-2-19所示斜插袋休闲长裤的款式图和图1-2-20制单的工艺细节要求。

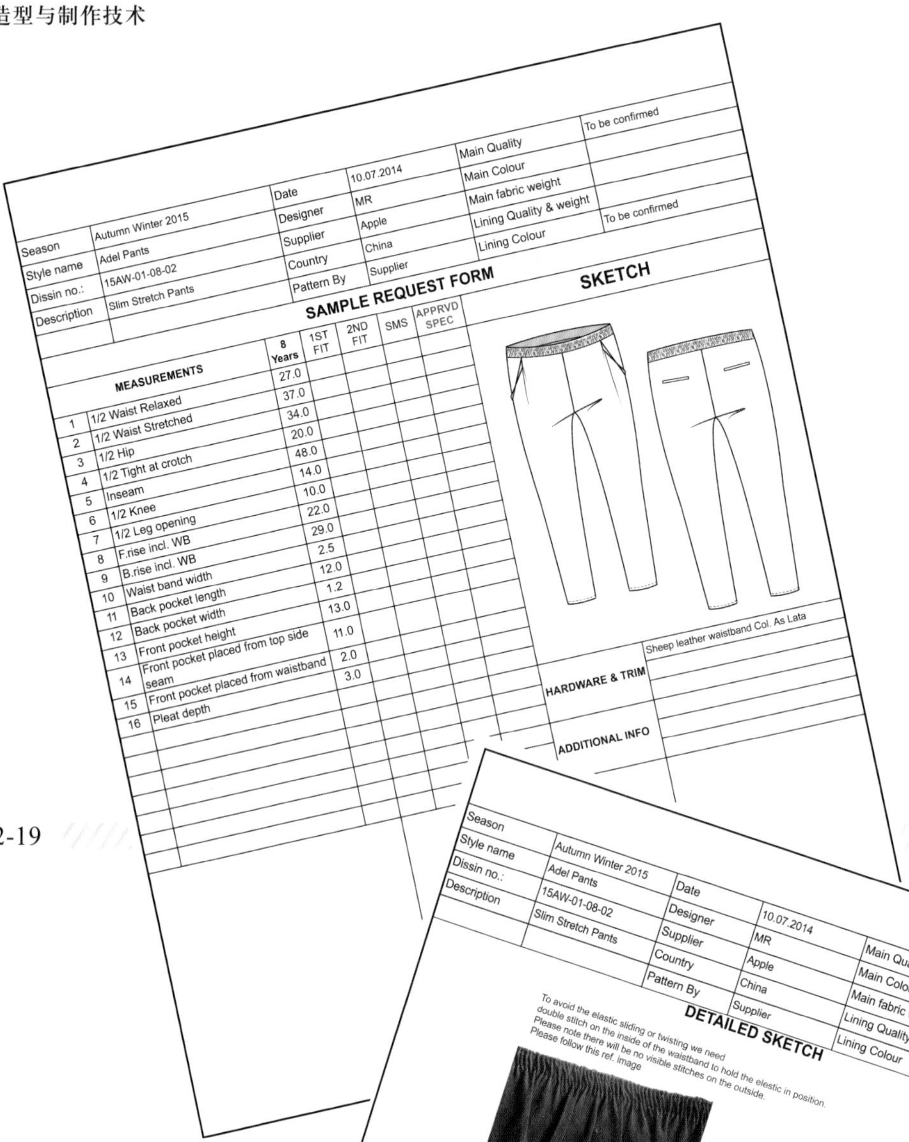

图1-2-19

		Date	10.07.2014	Main Quality		To be confirmed
		Designer	MR	Main Colour		
		Supplier	Apple	Main fabric weight		
Season	Autumn Winter 2015	Country	China	Lining Quality & weight		To be confirmed
Style name	Adel Pants	Pattern By	Supplier	Lining Colour		
Dissin no.:	15AW-01-08-02					
Description	Slim Stretch Pants					

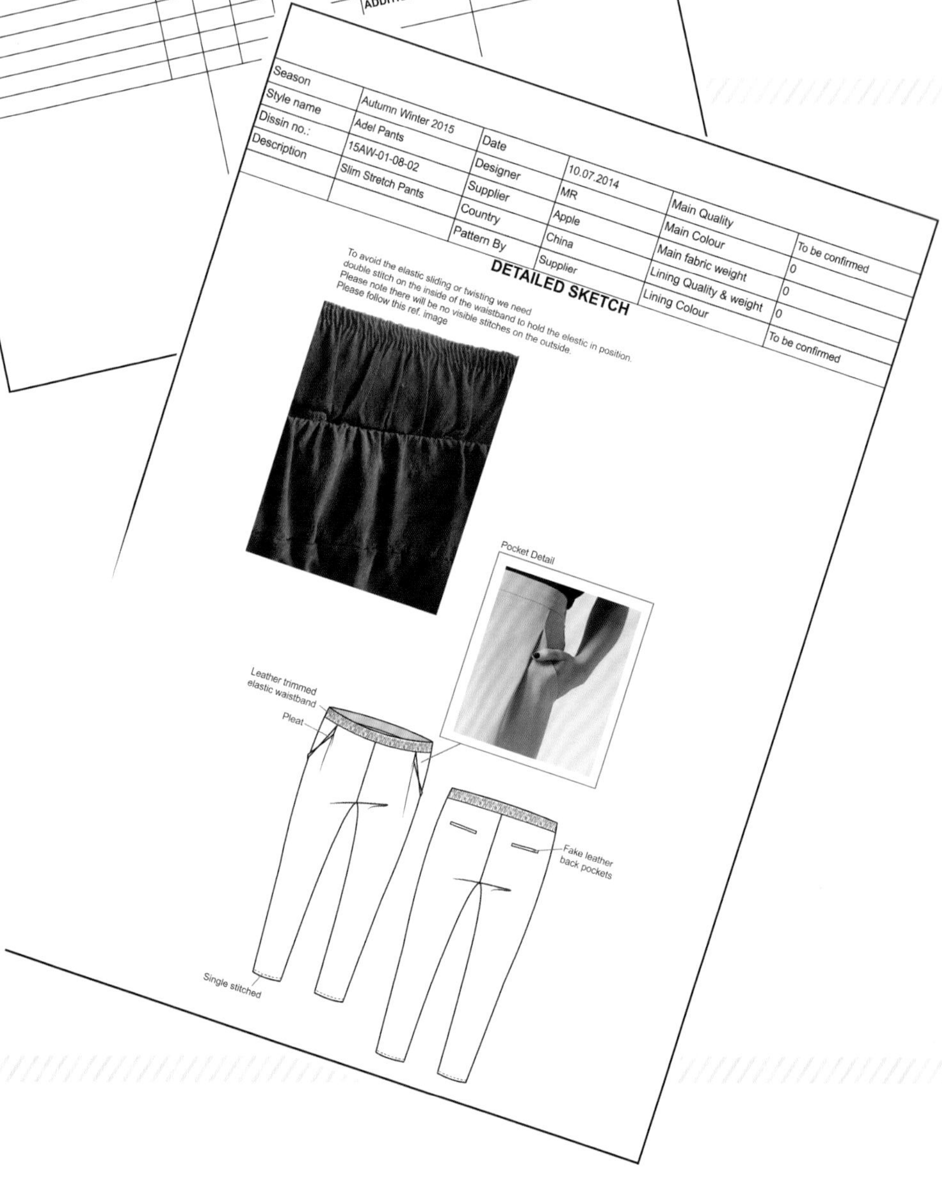

SAMPLE REQUEST FORM   **SKETCH**

	MEASUREMENTS	8 Years	1ST FIT	2ND FIT	SMS	APPRVD SPEC
		27.0				
1	1/2 Waist Relaxed	37.0				
2	1/2 Waist Stretched	34.0				
3	1/2 Hip	20.0				
4	1/2 Tight at crotch	48.0				
5	Inseam	14.0				
6	1/2 Knee	10.0				
7	1/2 Leg opening	22.0				
8	F.rise incl. WB	29.0				
9	B.rise incl. WB	2.5				
10	Waist band width	12.0				
11	Back pocket length	1.2				
12	Back pocket width	13.0				
13	Front pocket height	11.0				
14	Front pocket placed from top side					
15	Front pocket placed from waistband seam	2.0				
16	Pleat depth	3.0				

Sheep leather waistband Col. As Lata

HARDWARE & TRIM

ADDITIONAL INFO

图1-2-20

		Date		Main Quality		
Season		Designer		Main Colour		To be confirmed
Style name	Autumn Winter 2015	Supplier	10.07.2014	Main fabric weight		0
Dissin no.:	Adel Pants	Country	MR	Lining Quality & weight		0
Description	15AW-01-08-02	Pattern By	Apple	Lining Colour		0
	Slim Stretch Pants		China			
			Supplier			To be confirmed

DETAILED SKETCH

To avoid the elastic sliding or twisting we need double stitch on the inside of the waistband to hold the elastic in position.
Please note there will be no visible stitches on the outside.
Please follow this ref. image.

Pocket Detail

Leather trimmed elastic waistband

Pleat

Fake leather back pockets

Single stitched

2.2 面料计算

门幅：140cm，采用6码、8码、10码、12码、14码五档尺寸进行多层排料。用料：340.98cm/5件，单件用料为68.20cm，利用率为：80.8%，见图1-2-21所示五档长裤面料的工业排版。

2.3 袋布计算

门幅：140cm，仍然采用五档尺寸进行多层排料。用料：31.76cm/5件，单件用料为6.35cm，利用率为：65.7%，见图1-2-22所示五档长裤袋布的工业排版。

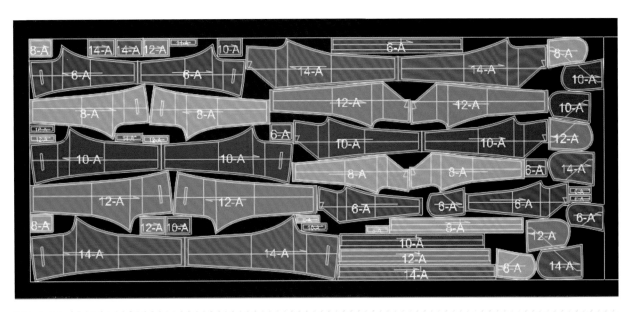

图1-2-21

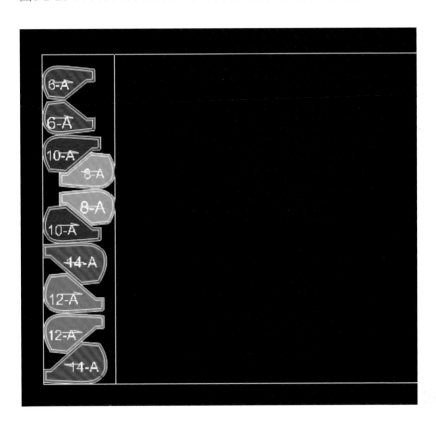

图1-2-22

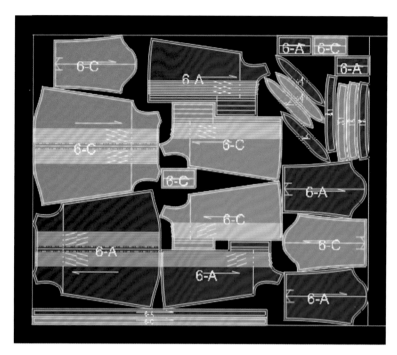

图1-2-23

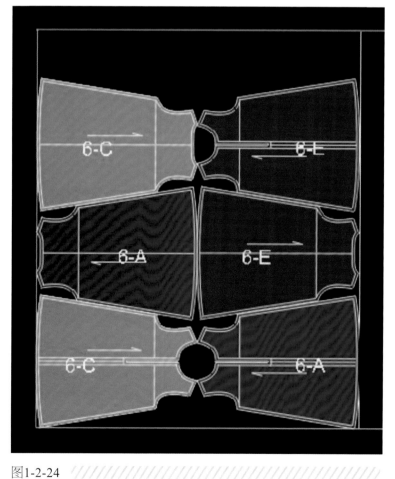

图1-2-24

3. 童长袖衬衫的排料与用料计算

3.1 面料计算

门幅=145cm 由于该童装是采用前片有左右之分，所以在排料的过程中只能采取单层排料。用料：173.91cm/2件，单件用料为86.96cm，利用率为：80.5％，见图1-2-23所示童长袖衬衫面料的的工业排版。

3.2 里料计算

门幅=145cm用料：121.85 cm/3件，单件用料为60.93cm，利用率为：75.0％，见图1-2-24所示里料的工业排版。

4. 童背心裙的排料与用料计算

4.1 面料计算

门幅=145cm，单件用料为64.33cm/1件，利用率为：77.2％，见图1-2-25所示童背心裙单件面料的工业排版。

4.2 里料计算

门幅=145cm，用料为121.73 cm/3件，单件用料为70.12cm，利用率为：79.5％，见图1-2-26所示童背心裙3条里料的工业排版。

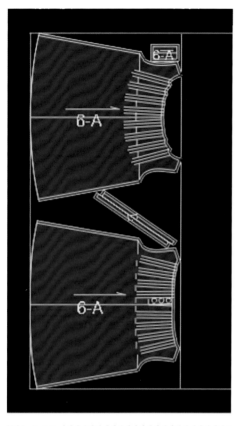

图1-2-25

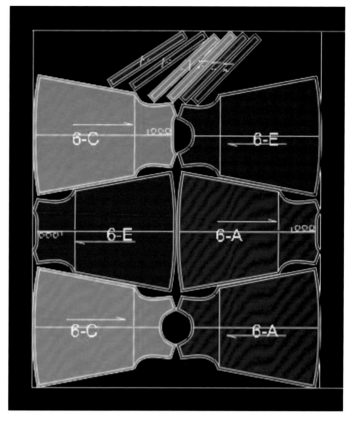

图1-2-26

知识链接：黏衬的方法

　　黏合衬布的生产起源于欧洲，1952年由英国人坦纳（K·Tanner）采用聚乙烯为原料，以撒粉的方法涂在织物上制成黏合衬布，仅限于衬衫领衬，20世纪70年代黏合衬在国外迅速发展，80年代黏合衬在服装上的使用量达到90%以上，是服装工业现代化制作工艺技术的一次重要性的技术创新。黏合衬布是介于服装面料与里料之间的材料，是服装造型、缝制质量、制作工艺不可或缺的辅助材料，被戏称为服装的骨骼，因此，备受服装设计师们的青睐。

　　黏合衬按底布质地、工艺的不同分为无纺衬和有纺衬两大类。其中有纺衬又有针织和机织之别；按热熔胶涂层种类分类为聚乙烯（PE）、聚酰胺（PA）、聚酯黏合衬（PET）、聚氯乙烯（PCV）等多种黏合衬，了解黏合衬的组织结构、纤维成分和后整理性能后，需根据面料的性能和用衬部位的不同选择不同的黏合衬布，尤其是轻薄、透明、面料应选择与黏合衬相匹配的色衬为伍，同时黏合衬布的热缩率与面料配伍，要求无大的差异。此外，黏合衬布的涂层质量，要求涂层胶点饱满，无漏点，无掉粉。

　　黏贴的条件包括温度、压力和时间。购买黏合衬时要事先认各种衬的黏合条件，并做的黏合试验。根据其要求调整的黏合条件，可用专用的烫衬机。用电熨斗进行的黏衬的方法如下：

　　1. 整理衬的布纹，树脂面朝向面料的反面，重叠放好。用熨斗在面料的反面黏好。

　　2. 熨斗的基准温度是130～150℃。要垫上牛皮纸熨烫，因为熨斗的底面容易黏着树脂。

　　3. 在黏贴挡纸的上面用干热的熨斗在每一个位置压烫5～10s。为了避免黏贴不匀，间隔时间要充足，另外刚烫完黏合衬的部件要平放着散热。

图1-3-1

图1-3-2

一、童装材料的选择

童装的设计与材料关系密切，童装构成离不开童装材料的开发，童装的功能依赖于童装材料的性能来实现。对于童装的原材料来说，童装是它的终端产品，材料是实现最终产品的条件，没有材料，童装不成其为童装，而没有童装对材料的各种性能的开发与研究，也就没有今天的童装设计。

棉布（cotton）是童装服饰中使用最普遍的面料。棉布与肌肤具有很强的自然接触性能，吸湿性强且色牢度优越，给人以自然、朴实、浑厚的感受。梭织类纯棉织物有斜纹粗棉布、条格纹色织棉布、平纹粗细棉布、凹凸泡泡纱织物、帆布、灯芯绒等，其门幅以单幅90cm、110cm和双幅144cm为主，见图1-3-1印花面料和图1-3-2色织格子与印花面料。针织类面料具有质地柔软、吸湿透气性好、弹性和延伸性强等，它是用织针将纱线或长丝构成线圈，再把线圈相互串套而成，有经编和纬编针织之分。

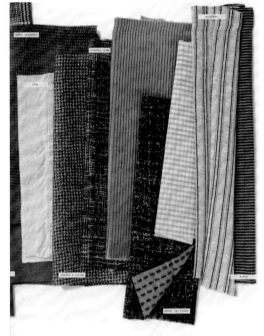

毛织物（wool）是秋冬季童套装使用频率较高的面料，毛织物具有保暖效果好，挺括不易起皱的优势，且色彩较暗，含蓄而厚重，彩度低，有温暖、大方、高雅之感，但不易洗涤、保管，怕虫咬、怕药剂，它分粗纺毛织物（woolen）和精纺毛织物(worsted)两大类，如图1-3-3所示毛织物。粗纺毛织物厚度从中等至较厚，因组织结构疏松而易起球、起毛、勾丝，如苏格兰呢、法兰绒、开司米、圈圈绒等各种粗花呢。精纺毛织物厚度从薄至中等厚度，组织结构密集，织物的手感平滑而有弹性，如直贡呢、华达呢、哔叽、府绸等。

丝绸（silk）是舒适性、光泽度好的高档面料之一，也是夏季童装的首选面料，色彩上浓淡鲜灰均宜，具有华丽表情特性，但不易打理、不宜暴晒，其门幅较窄为90cm或110cm。如双绉、柞蚕丝、锦缎、雪纺等织物，见图1-3-4织锦缎纹面料和图1-3-5雪纺、压皱、喷绘丝绸面料。

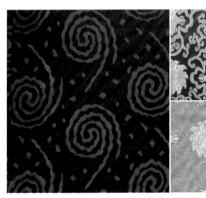

图1-3-4

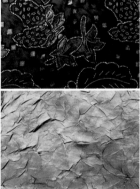

图1-3-5

图1-3-3

图1-3-6 //

图1-3-7 //

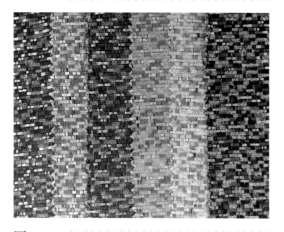

图1-3-8 //

麻织物手感粗糙结实，一般色泽较浅淡，有凉爽、挺拔、肃然之感，吸水性、透气性好，但易起皱，其幅宽为90cm、110cm或150cm。它有柔韧坚固的亚麻织物（linen）和白色丝绸般光泽的麻织物（ramie），见图1-3-6棉麻织物和图1-3-7不规则几何图案织物。

随着现代高科技服装材料的开发，新型材料如雨后春笋般层出不穷，比如在棉植株中植入不同的基因，使棉桃在生长过程中具有不同的颜色，成为天然的彩色棉，从而省去了后续的印染加工，避免了印染废液对环境的污染，也杜绝了面料上的染料及残留化学品对儿童皮肤造成的伤害。再如双面异色织物，一面如柔软的涂层布，另一面是起绒织物等，但最终的目的是要取得不但在外观上的新颖、漂亮，而且在手感、使用性能上符合儿童舒适好用的要求，见图1-3-8提花烫金织物和图1-3-9凹凸提花织物。因此，在童装设计众多因素中，展现材料舒适性、满足儿童生理性是需要考虑的首要因素。现代设计师善于从功能中发挥艺术匠心，融合心理性的象征价值，协调物质的需求和精神需求，努力挖掘材料的实用美。

图1-3-9 //

二、童装里料的选择

1. 里料的概念

里料是用于服装夹里的材料，种类主要有棉织物、再生纤维织物、合成纤维织物、涤纶混纺、丝织物及人造丝织物等。里料的主要测试指标为缩水率与色牢度，对于含绒类填充材料的服装产品，其里料应选用细密或涂层的面料以防脱绒。当前，用量较多的是以化纤为主要成份的美丽绸、尼丝纺、涤丝纺为里料。里料一般的幅宽为90cm、110cm、144cm三种。

2. 里料选择要素

2.1 性能相吻合

不同的里料有不同的性能特点，因此在选择里料时，其性能应与面料性能相一致。即指耐洗涤、耐热性能、缩水率、强力以及厚薄、轻重等相适应，应光滑、耐用、防起毛起球，避免造成童装造型的改变。

2.2 色彩相似度

选择与面料颜色相协调的里料，并有良好的色牢度。一般情况下，里料的颜色稍浅于面料的颜色。

3. 里料的功能

3.1 塑型功能

里料的使用有助于童装廓型的塑造，可以帮助塑造各种夸张和富有创意的轮廓，坚固结实。

3.2 舒适功能

良好地接触肌肤，便于衣服穿脱，防止透漏，起到保暖御寒的作用。

3.3 品质功能

里料可以遮掩制作中的拼接部位、复合缝份、黏合衬等，使得服装做工精美、光洁、漂亮。

三、童装技术文件的设计与制作

童装技术文件是整个服装生产的灵魂，决定最终产品是否符合生产任务要求，质量是否达标等关键问题，它分为生产技术文件和工艺技术文件两大类。根据童装款式或合同订单的要求，依据童装产品国家标准，以及企业自身的生产状况，由技术部门确定产品的技术要求、工艺标准、面辅料的选用等内容。同时，技术部门还制定出产品的生产数量、缝制工艺要求、面辅料的配备等有关技术文件来保证产品的有序生产。此外，在生产过程中，由于工业流水大生产与单件制作有很大不同，各裁片缝制的方法、服装各零部件的加工顺序等不能被随意安排，必须由技术人员或管理人员先制定出相关的工艺标准、工时定额、工序编制等方案文件。

1. 生产技术文件

1.1 生产总体文件

是反映服装企业主要生产品种和规模设备配制情况等总体技术参数的文件，也与服装总体生产过程相关，对生产计划、生产安排起指导和制约作用的技术文件。

1.2 定货单

简称定单，分外销与内销两种，是针对合同双方在服装的项目（即品名）、规格型号、数量、单价、金额、交货期限以及与此相关的要求上作明确的签订，如有一方违反、不履行该合同或有争议，则有权通过协商或法律手段来解决。若合同某一项有变动，例如服装面料上的更改、款式上的变动、金额上的增减等，将追加修改合同，见图1-3-10所示连帽式外套的订货单。

1.3 生产通知单

又称生产任务单或生产指示单，一般由企业的生产计划部门制定。

1.4 原、辅料规定

以"原、辅料明细表""备料单""要货单""原、辅料检测表"等形式出现，见图1-3-11所示生产所用的辅料制单。

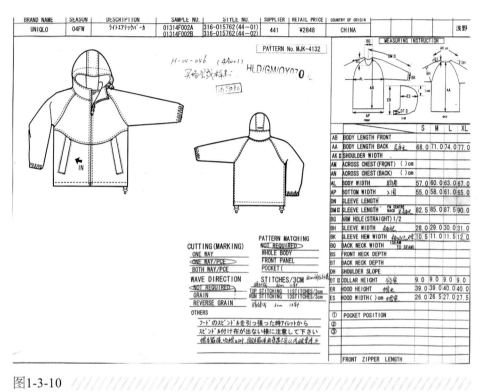

图1-3-10

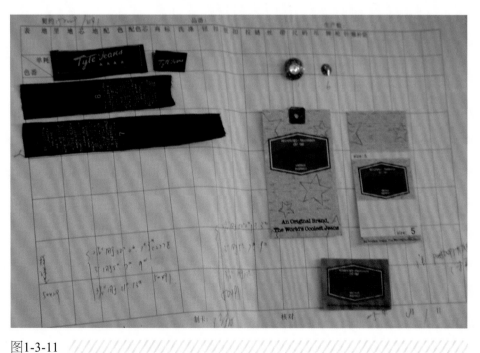

图1-3-11

1.5 首件产品鉴定记录表(首件封样单)

是指对流水线生产出的第一件成品进行分析和鉴定，找出存在的问题，并提出改进措施，以便控制加工质量，降低返修率。

1.6 成本计算单

成本计算是对所生产的服装成品将要花费的金额进行估算。

2. 工艺技术文件

工艺技术文件是生产中的重要技术文件，是企业对具体产品的整个生产过程所制定的工艺方面的规定。

2.1 工业样版

是以服装裁剪图为基础制作的适合工业化流水一体化生产的服装纸样，起着图样模具和型板

的作用；是排料画样、裁剪和产品缝制过程中的技术依据，也是检验产品规格质量的直接衡量标准。根据它的用途可分为裁剪纸样和工艺纸样两类。

a. 裁剪纸样：主要在排料及裁剪工序中起作用，按材料种类不同分面料纸样、里子纸样、衬里纸样、衬布纸样等，多为放缝后的毛样板，须标纱向，打剪口，标号型规格。

b. 工艺纸样：用于校正裁剪样版，便于缝制，整烫加工工艺操作和质量控制的样版；按用途分为修正纸样，定位纸样，定型纸样，辅助纸样等。

2.2 工艺标准

工艺标准是某产品确定投产后，企业技术部门应根据相应的标准拟定一份具有普遍指导意义的工艺技术文件，亦称"工艺与规格""工艺指导书""工艺制造单"等。它包含以下主要技术：产品名称，款

图1-3-12

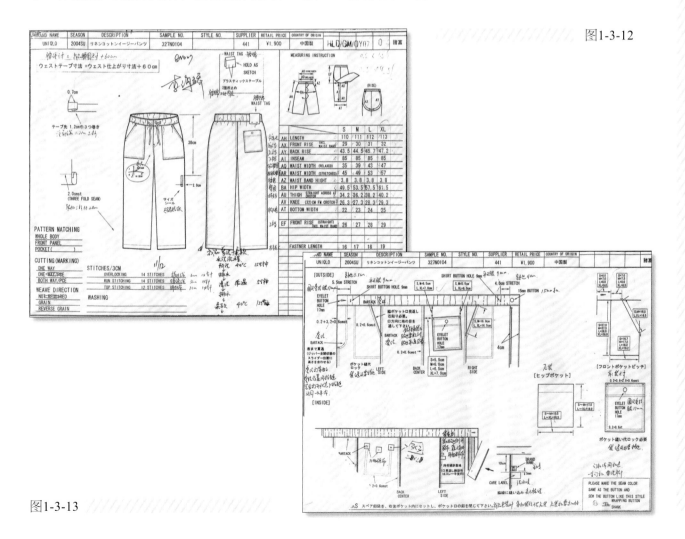

图1-3-13

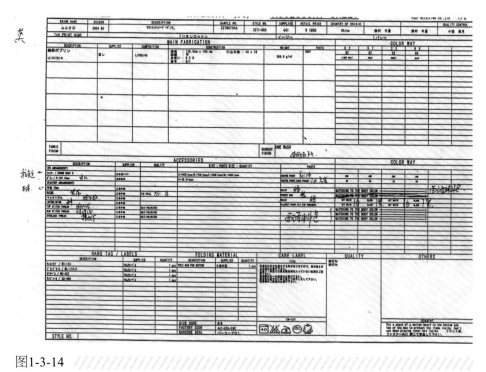

图1-3-14 //

BRAND NAME	SEASON	DESCRIPTION	SAMPLE NO.	STYLE NO.	SUPPLIER	RETAIL PRICE	COUNTRY OF ORIGI		
UNIQLO	2004SU	リネンコットンイージーパンツ	327N0104A	3271-003	441	¥1,900	China		鈴村

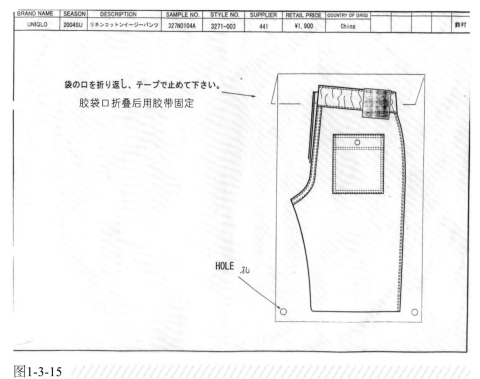

袋の口を折り返し、テープで止めて下さい。
胶袋口折叠后用胶带固定

HOLE 孔

图1-3-15 //

式号或合约号，订货单位，生产数量，编制员，审核员发布日期等，见图1-3-12所示产品的正反结构与规格，图1-3-13所示的制作细节制单要求，图1-3-14所示的原、辅料品质与规格，以及图1-3-15所示的成品整烫、包装等操作要求和技术标准。

2.3　流程工艺文件

流程工艺文件是表示某件服装或服装某部件在流水作业的生产加工过程中，应经过的格式和程序的文件（以工序流程图或工序分析表的形式列出），也是安排生产流水线，配备作业人员及准备工艺设备必要的技术文件。

2.4　工序工艺文件

工序工艺文件是指导每道工序具体操作的技术文件，称为工艺册或工艺卡。

知识链接：新科技辅料的运用

"服装辅料"是现代服装设计和生产领域广泛应用的术语，其内涵越来越为业内所认识、重视和理解。无论是远古人类还是现代文明社会，服装辅料始终是服装必不可少的组成部分。与其他造型艺术一样，当童装设计的最佳方案确定之后，接下来是选择相应的面辅材料，通过一定的工艺手段加以体现，使设想实物化。在这个过程中，材料的外观肌理、物理性能以及可塑性等都直接制约着服装的造型特征，而衬料则是服装的骨髓，能够增加服装的强力，增添服装的美感，同时也能增强服装的可缝纫性能及操作性。设计师在面辅材料的选择和处理中，保持敏锐的感觉，捕捉和体察面辅材料所独有的内在特性，以最具表现力的处理方法，最清晰、最充分地体现这种特性，力求达到设计与面辅材料的内在品质的协调统一。

在服装材料学中，服装的材料被归纳为面料和辅料两大部分，从不同的角度可分为不同的类别，若从功能上分，可分为五大类：连接类、填充类、装饰类、标志类和挂件。连接类——当一块面料根据人体的形状被划分为若干片时，需要将分割的各块面料再连接起来，组合成服装。连接类即起到将分割的面料组成服装的作用。如：线、带、绳、扣等；填充类——分别为：衬（垫）类、里料、填料等；装饰类——分别为：蕾丝、珠花、水钻、流苏、烫片等；标志类——分别为：标签、吊牌、水洗唛、包装盒等；挂件——分别为：衣架和仿人模特等。以下主要介绍几类童装常用的辅料：

1. 各类无纺衬、有纺衬

衬料包括衬与衬垫两种，在服装的前衣片、衣领、袖口、袋口、腰口、下脚边及肩部等部位，需要塑型、加固、固定时加贴的附件材料为衬料，一般含有胶粒，通常称为黏合衬，包含有纺衬（梭织与针织）、无纺衬两大类。从材质上可把衬布分为毛衬、面衬、麻衬、树脂衬和非织造衬，毛衬又被称为黑炭衬，见图1-3-16所示黑炭衬和图1-3-17麻衬。

黏合衬的全称为热熔黏合衬布，是一种非常重要的服装辅料，它是在梭织、针织或无纺基布上均匀的撒上黏合胶粒（或粉末），通过加热（热融黏合）后与服装相应的部位结合在一起，从而达到一定的造型效果，见图1-3-18所示的DIOR女装衬布和图1-3-19所示DIOR女装白胚布。

2. 装饰蕾丝、缎带等

各种造型丰富多彩、色彩富丽堂皇的蕾丝、缎带在童装设计中起着不可替代的作用，通过多层蕾丝、蕾丝与缎带组合、蕾丝与面料的组合，见图1-3-20所示蕾丝与缎带装饰，图1-3-21所示多层蕾丝装饰，图1-3-22所示的镂空蕾丝，图1-3-23所示的透明蕾丝，图1-3-24所示的面料与本色蕾丝组合，以及图1-3-25所示的面料木耳抽褶装

图1-3-16 ////////////////////////////////////

图1-3-17 ////////////////////////////////////

图1-3-18 ////////////////////////////////////

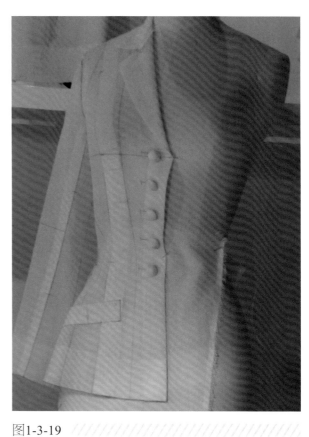

图1-3-19 ////////////////////////////////////

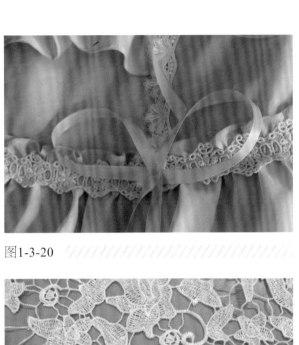

图1-3-20 ////////////////////////////////

图1-3-21 ////////////////////////////////

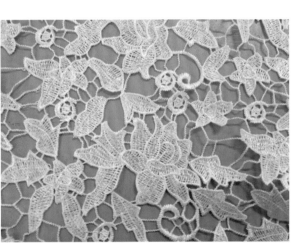

图1-3-22 ////////////////////////////////

图1-3-23 ////////////////////////////////

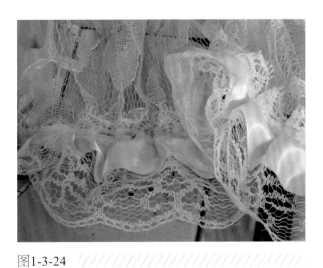

图1-3-24 ////////////////////////////////

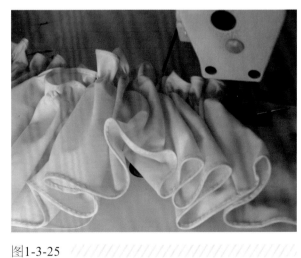

图1-3-25 ////////////////////////////////

图1-3-26 /////////////////////////////////

图1-3-27 /////////////////////////////////

图1-3-28 /////////////////////////////////

图1-3-29 /////////////////////////////////

图1-3-30 //////////////////////////

图1-3-31 //////////////////////////

饰，为童装设计与创作带来前所未有的发展空间，见图1-3-26所示的卡通嬉戏装局部缎带装饰，图1-3-27所示的局部烫金纹饰，图1-3-28所示的对比色材质装饰，及图1-3-29所示多种材质的装饰。

3. 装饰扣、钮等辅料

蝴蝶结、羽毛、珠片等饰品在现代童装设计中成了装饰新宠，也越来越重视装饰配件的搭配与运用见图1-3-30，图1-3-31和图1-3-32所示各类装饰物。设计师们紧跟时尚的脚步，将卡通、动漫、影视中的人物形象、配饰融入童装设计元素。

同时，各类设计新颖的钮扣也琳琅满目，中西合璧、寓意吉祥、节能环保等设计理念在小小的方寸之地大放光彩，如图1-3-33所示各类钮扣示意图。

带有设计创意的琉璃烤瓷钮扣：利用动植物的造型和装饰花卉纹饰将传统钮扣带入如诗如画的意

图1-3-32 //////////////////////////

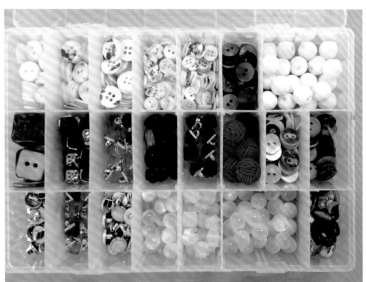

图1-3-33 //

图1-3-34 //

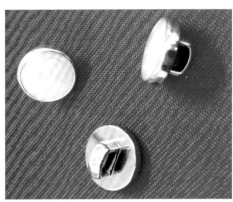

图1-3-35 //

图1-3-36 //

境，见图1-3-34琉璃烤瓷钮扣，以及图1-3-35所示的金属透明有机扣。

　　木质钮扣的设计也不断推陈出新，有仿生的竹子造型、树叶造型，更有从平面几何到三维立体的造型，可谓琳琅满目，见图1-3-36所示造型别致的木质钮扣，图1-3-37所示的仿钻钮扣饰品，图1-3-38所示的中式创意饰扣，以及图1-3-39各式珠绣饰品。

图1-3-37 ///

图1-3-38 ///

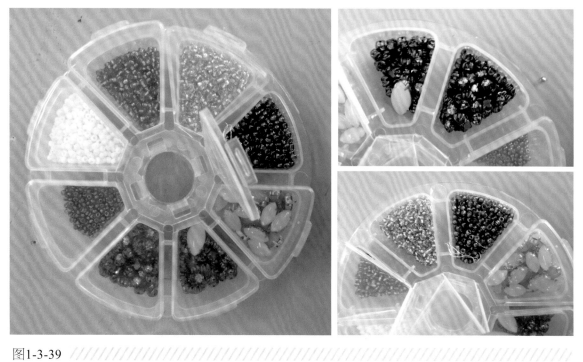

图1-3-39 ///

第二章
童装的制作技巧

第一节 | 女童背心连衣裙的制作工艺与技巧

一、背心连衣裙

　　本例背心童连衣裙款式特点是圆领，后领一字开衩式一粒扣，见图2-1-1效果图所示。衣身结构：背心式自然拼接腰线，外部轮廓呈A字型的女童连衣裙，无袖无领，前后腰节各收2个"工"字裥，前裥位处分别装饰一个蝴蝶结，后腰有一根调节腰带并缀一个蝴蝶结，见图2-1-2所示正反款式结构图。

图2-1-1

图2-1-2

二、样版整理与质量要求

1. 样版技术要求

根据确认的样衣纸样、相应的号型规格、系列制单等技术文件，绘制基型样版，并推出所需号型的样版。在此基础上按照号型规格列表进行推版，最后得到生产任务单中要求的各规格生产用系列样版，供排料、裁剪及制定工艺时使用。

2. 裁剪技术要求

预算出成品用料的定额，加入适当的段耗量[1]和裁耗量，同时根据成品要求确定面辅材料。然后检查裁片质量和数量；修补裁片中可修复的织疵；调换不符合质量的裁片。

3. 成衣质量要求

最终成衣的尺寸符合成品规格大小，误差在公差[2]允许范围内；领口滚条宽窄一致，压缉线0.1cm单止口（也称清止口，不超过0.2cm），正反压缉线不能滑口（脱线）；底边缉线2.0cm，缉线宽窄一致，平整顺直，不起涟漪。

三、背心连衣裙的工艺流程

裁剪做缝制标记——收前后腰褶——拼接上下裙裾并拷边——完成部件（按钮、蝴蝶结、烫滚条等）——做后领开衩——缝合前后肩缝并拷边——滚领——滚袖窿——缝合前后侧缝——卷裙摆底边——钉扣——整烫、包装。

四、局部褶皱装饰缝制技术

1. 缝制准备技术

1.1　验片与编号

经裁剪车间自动裁床裁出的衣片不能立即送入缝制车间，需要通过对裁片进行技术处理，保证裁片质量及裁剪工艺。首先检查裁片质量和数量，为防止各匹或同匹面料间的色差影响成品外观，需对裁好的各种衣片按顺序打上号码，确保同一件衣服上是同层同规格的裁片缝合在一起。接着检查裁片是否有油污、黄斑、脱纱等疵点，对有质量问题的裁片在进入缝制车间前进行更换。

1.2　缝制标记

裁剪完成后，在裁片上标注相应的缝制记号，通常采用钻眼、画粉、打刀口等方式。钻眼：是用锥子在面料裁片钻孔做缝制标志，应记在拼缝部位或缝份上，以免影响产品美观。画粉：是用画粉在裁片上做对合、省道等缝制记，为暂时标记。打刀口[3]：是采用剪口工具或剪刀在裁片上剪出约0.3cm的三角形刀口或一字形刀口，这种方式一般在裁片的边缘使用。在裁剪时，可采用一种方式做标记也可同时采用多种方式做标记，根据款式需要而定，见图2-1-3，图2-1-4和图2-1-5所示的缝制标记。

图2-1-3为前衣裁片腰节处折裥定位位置，用打刀口的方式标出，便于上下衣片缝制时使用。图2-1-4为裙子收阴裥的位子和裥量，通过刀口标出5cm大小的阴裥量，在缝制时可直接做出"工"字裥。见图2-1-5所示下摆裙子裁片的展开图，裙片腰口中点和裥量处标出三角形刀口。

---

❶ 段耗：指坯布经过排料后断料所产生的损耗。裁耗：排料后，面料在画样开裁中所产生的损耗。
❷ 公差：指实际参数值的允许变动量，在服装行业中常用正负公差（±公差）表示，"＋"为上偏差。"—"为下偏差。
❸ 刀口：亦称刀眼、剪口，缝制时使用的记号。为了便于缝合衣领、袖子、褶皱等，在衣服主要对应部位的小缺口，作为对准记号用。

图2-1-3 ////////////////////////////////

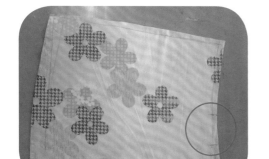

图2-1-4 ////////////////////////////////

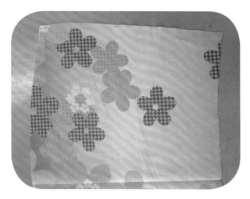

图2-1-5 ////////////////////////////////

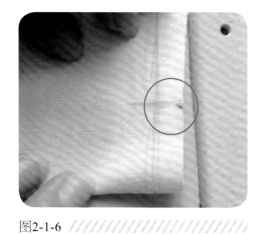

图2-1-6 ////////////////////////////////

2. 腰部"工字裥"缝制技术

做"工字裥"：裙子正面相对折叠，对齐刀口的裥量，见图2-1-6所示三角形刀口，缉线3.0cm固定裥的大小，见图2-1-7所示压缉"工字裥"，再捏出"工字裥"的裥量，见图2-1-8和图2-1-9所示"工字裥"的造型。

完成"工字裥"的缝制：在反面缉线0.3cm来固定裥量，见图2-1-10所示固定裥量。"工字裥"正面的造型，见图2-1-11和图2-1-12所示的"工字裥"完成图。

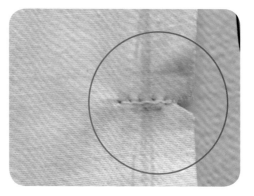

图2-1-7 ////////////////////////////////

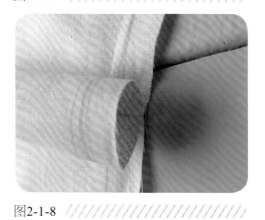

图2-1-8 ////////////////////////////////

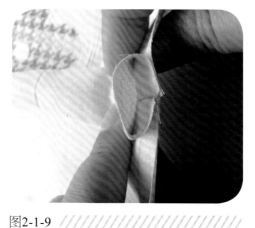

图2-1-9 ////////////////////////////////

3.局部的缝制技术

3.1　钮按的缝制技术

　　缝制钮按条：用本色布按45°斜料的丝缕方向，裁一条长方形：长8.0cm×宽1.6cm，面料正面相对，在反面缉0.3cm，见图2-1-13和图2-1-14所示对折压缉钮按条；然后修剪缝份，将缝份修撇成0.2cm，见图2-1-15和图2-1-16所示修劈钮按缝份，而且钮按的缝份越小越容易翻转。

图2-1-13 /////////////////////////

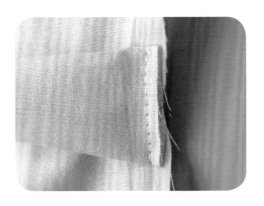

图2-1-10 /////////////////////////

图2-1-14 /////////////////////////

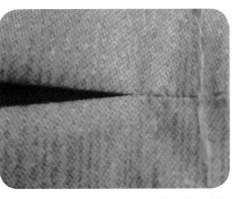

图2-1-11 /////////////////////////

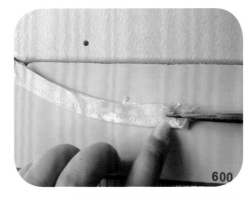

图2-1-15 /////////////////////////

图2-1-12 /////////////////////////

图2-1-16 /////////////////////////

图2-1-17 ////////////////////////////////

图2-1-18 ////////////////////////////////

翻转钮按：可采用手缝针或专用小工具来完成，见图2-1-17和图2-1-18所示的翻转工具。用工具翻转固定在钮按条的一头，从正面套穿而出，见图2-1-19所示使用工具翻转，翻出后对折钮按条，完成钮按的制作，见图2-1-20所示折叠钮按。

3.2 蝴蝶结的制作工艺

做蝴蝶结：蝴蝶结的造型有很多种根据不同的蝴蝶结结构其制作技术也尽不相同，图示这款结构简洁、工艺简捷的单瓣蝴蝶结，装饰性、可视性较强，在童装中使用也较普遍。先准备两块对折的长方形面料，较大一块作蝴蝶结的结面：长11.0cm×宽9.0cm，见图2-1-21所示压缉缝份；较小一块为固定蝴蝶结的中心部位：长6.0cm×宽4.0cm，然后四周分别缉线0.5cm，并留出约2.0cm的翻转口，见图2-1-22所示蝴蝶结的翻转口。

图2-1-19 ////////////////////////////////

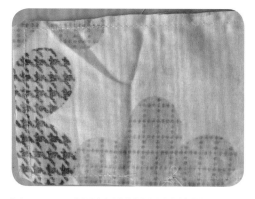

图2-1-21 ////////////////////////////////

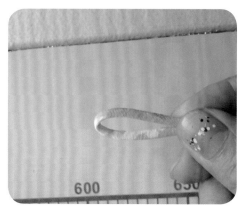

图2-1-20 ////////////////////////////////

图2-1-22 ////////////////////////////////

完成蝴蝶结的缝制：使用镊子等翻转工具翻出蝴蝶结的四角，见图2-1-23所示翻转蝴蝶结的尖角，让四角坚挺和平直，见图2-1-24所示蝴蝶结的制作，然后在蝴蝶结中心位置用结条将其扎紧固定即可，见图2-1-25和图2-1-26所示蝴蝶结装饰细节的制作。

五、组合装饰缝制技术

1. 后领一字后开衩的缝制技术

一字后开衩的准备：从后衣片中线剪开10.0cm的装衩位子，见图2-1-27所示后背开衩大小，将开衩条两边的缝份各扣烫翻转0.6cm，见图2-1-28所示扣烫开衩条，然后对折开衩里和开衩面，衩面比衩里略缩进0.1cm，见图2-1-29所示的对折开衩条，便于缉后开衩时止口线不滑脱。

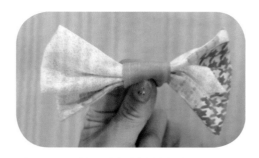

图2-1-25

图2-1-26

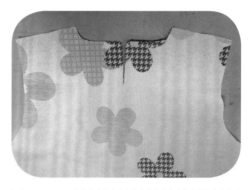

图2-1-27

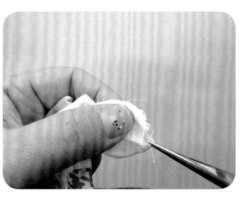

图2-1-23

图2-1-28

图2-1-24

图2-1-29

图2-1-30 /////////////////////////

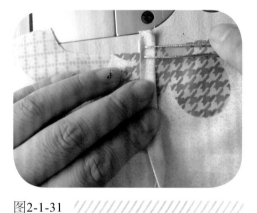

图2-1-31 /////////////////////////

一字后开衩的缝制：采用开衩条一把压缉0.1cm的方式，先将开衩里放于开衩面料下，见图2-1-30所示开衩条的位子，用镊子按照衩条里——大身面——衩条面的顺序固定开衩条，见图2-1-31所示固定袖衩条，然后在大身和开衩条的正面压缉0.1cm单止口，见图2-1-32所示压缉袖衩条单止口。

封一字后开衩：完成开衩条的缉线，见图2-1-33所示一字后领开衩，再修剪两头多余部分并对折开衩条，见图2-1-34所示对折开衩条，接着开始封开衩。将后领衣身沿着衩条正面对折、对齐，在开衩转弯处向衩条外压缉0.8cm或1.0cm，形成等边三角形的缉线，见图2-1-35所示封三角缉线。

完成一字后开衩：用镊子调整后开领衩条，将右后领衩条翻转，见图2-1-36和图2-1-37所示翻折开衩门襟，

图2-1-32 /////////////////////////

图2-1-34 /////////////////////////

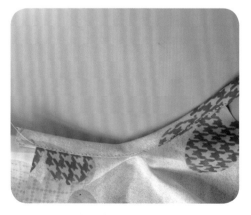

图2-1-33 /////////////////////////

图2-1-35 /////////////////////////

然后用镊子固定翻转的衩条，并在止口处压缉0.5cm缉线作固定用，见图2-1-38所示一字后开衩半成品示意图。

2. 拼接大身缝制技术

缝制大身裙摆：将上身分别与前后身的裙摆缝合，缝合时裥位对齐、折裥平整，见图2-1-39拼接腰节线，接着在反面将裙摆朝上拷边，见图2-1-40所示拼接线拷边倒向，缝合处正面压缉0.1cm的单止口，见图2-1-41所示腰节单止口缉线。

缝制肩缝：前后片肩头正面相叠，见图2-1-42所示前后裁片，前后缝制时注意后肩头0.3cm吃势量，见图2-1-43所示前后肩长，前肩片压放在后肩头上面压缉1.0cm缝份，见图2-1-44所示肩部缝份，然后前肩片在上拷边，见图2-1-45所示肩缝倒向后片。

图2-1-38 ///////////////////////////////

图2-1-39 ///////////////////////////////

图2-1-36 ///////////////////////////////

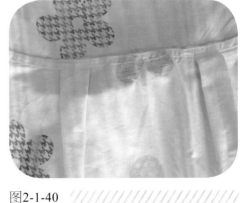

图2-1-40 ///////////////////////////////

图2-1-37 ///////////////////////////////

图2-1-41 ///////////////////////////////

图2-1-42 //////////////////////

图2-1-43 //////////////////////

图2-1-44 //////////////////////

图2-1-45 //////////////////////

3. 做领口装钮按缝制技巧

做领：采用对折滚条"反装正缉"的缝制技术来完成，这种方式的优势是滚条宽窄容易保持一致，缝制速度和效率较高。准备一根反面相对折的滚条，见图2-1-46所示领口滚条，宽约1.5cm，长为领口弧线长度+2.0cm缝份，将对折滚条与领口相叠，见图2-1-47所示复合领口对折滚条，压缉0.5cm缉线，见图2-1-48所示压缉领口滚条。

图2-1-46 //////////////////////

图2-1-47 //////////////////////

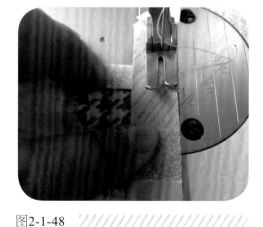

图2-1-48 //////////////////////

修正领口缝份：将剪刀搁在缝制台上稳住剪刀口，修剪劈领口与滚条的缝份至0.3cm，见图2-1-49所示修剪领口缝份，接着翻转领口滚条，并将缝头藏入滚条中，见图2-1-50和图2-1-51所示翻折滚条端口多余缝份。

装钮按：在此调整好滚条的位子和宽度后，将预先做好的钮按嵌入滚条中，见图2-1-52和图2-1-53所示领口放置钮按，再用镊子固定领口滚条的前端，然后压缉0.1cm单止口，见图2-1-54和图2-1-55所示复合领口滚条。最

图2-1-52 //////////////////////////////////

图2-1-49 //////////////////////////////////

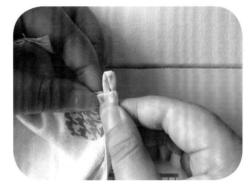

图2-1-53 //////////////////////////////////

图2-1-50 //////////////////////////////////

图2-1-54 //////////////////////////////////

图2-1-51 //////////////////////////////////

图2-1-55 //////////////////////////////////

图2-1-56 /////////////////////////////

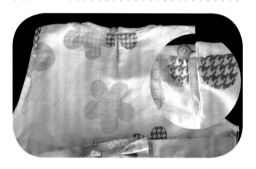

图2-1-57 /////////////////////////////

图2-1-58 /////////////////////////////

图2-1-59 /////////////////////////////

后封住钮按，完成圆领及一字后开衩的制作，见图2-1-56和图2-1-57所示正反钮按展示图。

4. 做袖窿滚边的缝制技术

做袖窿的方法有两种：一种是先用滚条滚好袖窿弧线后，再拼接前后侧缝；另一种是先拼接前后侧缝，再筒状滚袖窿弧线。两者比较各有利弊：前者制作时方便简洁，但收尾不够美观；后者制作难度相对复杂一些，但整体平整、美观。

将一根对折后宽约1.5cm，长为袖窿弧线长度+2.0cm缝份滚条，滚条正面与袖窿反面相叠压缉0.5cm缉线，见图2-1-58所示压缉袖窿滚条，修劈袖窿与滚条的缝份至0.3cm，见图2-1-59所示修劈袖窿滚条，接着翻转袖窿滚条，调整滚条的宽度，见图2-1-60所示翻转袖窿滚条。

接着，用镊子固定袖窿与滚条的前端压缉0.1cm单止口，见图2-1-61和图2-1-62所示压缉袖窿滚条，注意压缉不能出现毛缝，然后修劈前端多余的滚条，完成袖窿的制作，见图2-1-63所示完成袖窿缉线的滚条。缝制过程中应准确地使用工具，这样才能协助我们完善缝制技术。

图2-1-60 /////////////////////////////

图2-1-61 /////////////////////////////

5. 侧缝与裙摆的缝制工艺

前裙片压放在后裙片的上层，右侧从袖窿口向裙摆方向缝合，左侧从裙摆向袖窿口方向缝合，缉线的缝份均为1.0cm。缝合时前后裙片的拼接处对齐，见图2-1-64所示对合上下拼接线，同时将调整腰带嵌入侧缝腰节处，见图2-1-65所示腰带与刺毛皮细节图。缉线时上下面料松紧适宜，接着再拷边，同样前裙片在上，缝份向后倒。

裙摆底边有三卷缉线、滚边手工针缲缝、拷边后三角针固定以及上贴边等多种缝制技术。根据款式的制作要求，这款童装的裙摆为三卷缉线的方式，先翻转底边的贴边，底边扣转缝份1.0cm，然后裙摆底边缉线2.0cm，见图2-1-66所示三卷下摆缉线，底边缉线不毛出，不漏脱针，不起涟漪。

六、童装的组合搭配与包装工艺

整理童裙上的线头、污渍等杂物，然后整烫各部位使其平整，不起皱、不得出现极光。童裙的外包装工艺有直接胶袋包装的，或礼盒纸箱包装的；内包装可采用折叠式包装，也可采用吊装式包装，一件入一胶袋封口装袋。在出口外贸包装中外箱的包装可根据制单要求混色混码或独色独码装箱，便于运输与识别。见图2-1-67所示童连衣裙正面图，图2-1-68童连衣裙背面图，图2-1-69所示人台着装背面图，和图2-1-70所示人台着装侧面图。

图2-1-63 //////////////////////////

图2-1-64 //////////////////////////

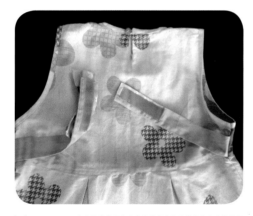

图2-1-65 //////////////////////////

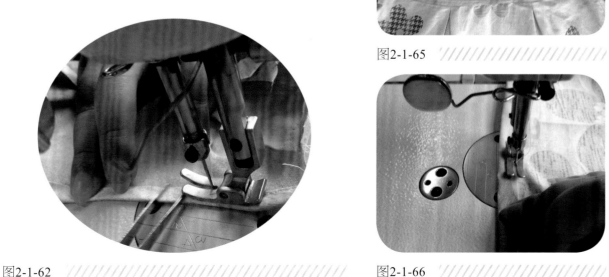

图2-1-62 //////////////////////////

图2-1-66 //////////////////////////

图2-1-67

图2-1-68

图2-1-69

图2-1-70

一、男式衬衫领拼接式女童长袖衬衫

1. 女童长袖衬衫的款式特点

　　本例女童长袖衬衫的款式特点是男式衬衫小方领，右门襟6粒扣的长袖衬衫。衣身结构：外部轮廓呈H型的前短后长式长袖衬衫，装后过肩，后背左右各有一裥，前下摆呈直摆缝，后为碎裥拼接圆弧形下摆，装袖，一字袖开衩，装直头袖克夫，见图2-2-1所示女童长袖衬衫效果图。

2. 样版整理与质量要求

2.1 样版整理

　　根据设计款式绘制基型样板，对应童装的号型系列规格，推出所需号型的工业样版，从而使较多的消费者可购买到适合自己体型和尺寸的成衣。此阶段是一项关键性技术工作，不仅关系到产品能否忠实体现设计者的要求和意图，同时对服装加工的工艺方法也有很大的影响。接着由技术部门确定产品的生产工艺要求、工艺标准、缝

图2-2-1

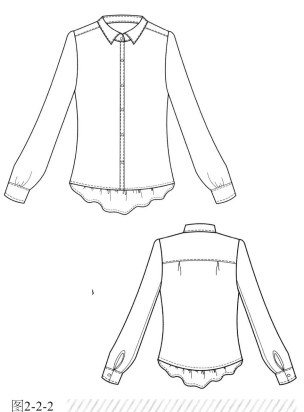

图2-2-2

制工艺流程，关键部位的技术要求，辅料的选用等技术文件，来保证生产有序进行。最后得到生产任务单中要求的各规格生产用系列样版，供排料、裁剪及工业流水大生产时使用。目前，我国服装童装企业在纸样绘制上主要采用原型法、比例分配法、立体裁剪法三种方法。

2.2 女童长袖衬衫部件

解构女童长袖衬衫的结构，其他的部件分别由面料和衬组成。面料的部件是：两片前衣片，一片后衣片，两片后过肩，一片前贴袋，两片袖片，两片袖克夫，两片一字袖衩条，领面、领里各一片，领底面、里各一片。辅料的部件：领面、领里衬各一片，领底面、领底里衬各一片，门襟衬两片，袖克夫衬两片，钮扣8粒，以及商标、洗唛、尺码、配色线等，见图2-2-2所示正反款式结构图。

3.3 质量要求

难点与重点：女童长袖衬衫的难点和重点在做领、装领以及后下摆的制作上。

领子质量要求：衬衫领两角长短一致，有窝势；领面平挺，无起皱、无起拧；领子缉线宽窄一致，无滑口、无脱针。门襟质量要求：门襟长短、宽窄一致，装领处门襟上口平直，无歪斜。袖子质量要求：装袖饱满圆顺，左右袖克夫、袖衩长短与宽窄一致且平服，缉线止口顺直，无脱毛。整烫质量要求：成品不能出现烫黄、污渍，外观整洁美观。

二、女童长袖衬衫的的工艺流程

裁剪做缝制标记——黏门里襟、领子衬——烫并做门里襟——做并装前胸贴袋——做后下摆拼接——装后过肩并缝合肩缝——做领并装领——做袖衩——缝合袖侧缝——做并装袖克夫——缝合前后侧缝——装袖——卷底边——锁眼、钉扣——整烫、包装。

三、组合装饰缝制技术

1. 缝制前的准备工作

1.1 部件黏合衬的裁剪与黏贴

将零部件：领面、领里、领底面、领底里、袖克夫、门里襟分别黏上无纺衬，一般采用热熔胶涂层为聚酰胺，见图2-2-3所示的黏合衬。可使用手熨斗和机械黏合设备两类，如平板式黏合机、全自动连续黏合机等所示设备，见图2-2-4所示熨斗黏合无纺衬。配备衬时，衬的方向与面料的丝缕保持一致，如衬有明显的悬垂性、延伸性，应

图2-2-3 ////////////////////////////

图2-2-4 ////////////////////////////

充分发挥其性能。如使用手熨斗黏合门里襟衬时，先整理衬的布纹、大小，将有热熔胶的一面与面料的反面相叠，用熨斗在面料的反面熨烫，熨斗的走向应从领口门襟向下摆门襟方向黏合，熨斗的温度保持在100～120°C左右，最终熨斗的温度还需结合面料的材质，而针对容易沾染污渍的面料，可覆上白布再熨烫，同时给熨斗增加一定的压力，并在每个部位至少停留5s的压烫时间。如果熨斗温度不到位，黏合衬上的热熔胶融化就不彻底，冷却后面料与黏合衬剥离强度就不够，会在面料的表面起泡、起皱，影响服装的质量和美观。

1.2　标出重要部位的缝制标记

采用消失笔、划粉、剪刀口等工具，在裁片上做好定位、大小、拼接、缝份等标记，如门里襟的宽窄量、后背的折裥量、前胸贴袋的位置、领子的复领位置、装袖的定位及后中心等重要缝制标记，见图2-2-5所示使用消失笔标出领子的净缝线和图2-2-6所示使用划粉标出前贴袋的定位。

1.3　按衣片的样版修劈裁片

在完成上述两项程序后，裁剪样版修去多出的面料和黏合衬，如领面的修劈，领底的修劈，袖克夫的修劈等。修劈时应注意：应选用27～35cm的大剪刀，剪刀和裁片不能架空修劈。正确的修劈姿势是：剪刀端稳搁在烫台上借力修劈，左手轻轻放在裁片上，见图2-2-7所示修劈姿势，接着随着剪刀的移动而跟进，见图2-2-8所示修劈领座缝份，这样裁剪的面料边缘才不会出现波浪形的齿状，见图2-2-9所示袖克夫的修劈并扣烫缝份。

2.门襟缝制技术

按门里襟的宽窄，由上而下烫出左右门襟的宽度2.0cm，由于是格子印花面料，所以在翻转熨烫时要注意对格对条，见图2-2-10和2-2-11所示扣烫翻转门襟贴边。

图2-2-5 //////////////////////

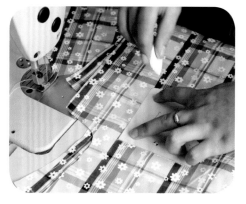

图2-2-6 //////////////////////

图2-2-7 //////////////////////

图2-2-8 //////////////////////

图2-2-9

接着，先压缉门里襟宽度的内侧，缉0.1cm单止口，见图2-2-12所示压缉内侧门襟缉线，然后缉门里襟外侧0.1cm单止口，见图2-2-13所示压缉外侧门襟止口缉线。缝制时，双手放于缝纫机机头的两侧，轻轻按住门襟宽度，一边拉紧下层布料，一边推送上层布料，使得门襟上下层的松紧保持一致，这样可以避免门襟起拧、起波浪等质量问题。

3. 前胸贴袋的缝制技术

做前胸贴袋：利用面料正反花纹的变化，前胸袋面与袋口贴边的裁片为45°斜料，袋口贴边与大身面料一

图2-2-12

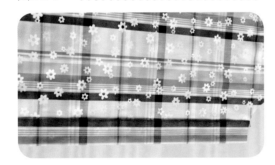

图2-2-10

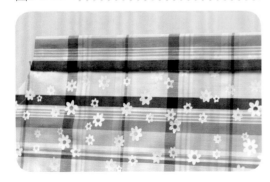

图2-2-11

图2-2-13

致为印花格子布，前胸袋面则用反面的纯格子布。制作时，先将7.0cm宽的袋口贴边对折后，分别两折扣烫成宽2.5cm的贴边。接着，前胸贴袋上口与袋口贴边相拼，缉线0.1cm，见图2-2-14所示做前胸口袋的贴边。最后，用口袋净样版扣烫前胸贴袋三边缝份0.6cm，见图2-2-15所示扣烫前胸贴袋三边的缝份。

复前贴袋：根据前胸贴袋点位样版预先做好的缝制标记，将扣烫的前贴袋放平、端正置于前衣片上，从胸贴袋的左边起针，先封袋口，可采用直角"↘"三角形、平行"⅂"形或"⅂"形这三种方法，封口宽度一般为0.5cm，见图2-2-16所示封缉前胸贴袋左右的袋口，然后再顺前胸贴袋造型三边缉线0.1cm单止口，见图2-2-17所示复合压缉前胸贴袋。缝制时应注意：袋口左右封口大小相等；复袋时左手轻按袋布，右手稍稍带紧大身衣片，防止大身缝制过程中起皱；如果前胸贴袋的丝缕与前大身的丝缕是一致的，则需要将前胸贴袋与前衣片进行对格对条。

4. 不对称碎裥木耳边缝制技术

抽碎裥技术：将缝纫机线迹调至最大，左手食指顶住压脚，沿收裥缝份0.8cm处缉线，见图2-2-18所示压缉拼接下摆，抽底线拉出碎裥，见图2-2-19所示抽收下摆的碎裥，然后调整碎裥，让碎裥能均匀分布，见图2-2-20所示调整下摆的碎裥量。

拼接后下摆木耳边：将调整均匀的不规则木耳边与后下摆正面相对拼接，在反面缉1.0cm缝份，见图2-2-21所示拼缉下摆木耳边，木耳边与后下摆的中心刀眼对齐，防止碎裥木耳边左右不匀。接着，木耳边在上拷边，缝份向领口方向倒，正面压缉0.1cm单止口，见图2-2-22所示压缉拼接下摆的单止口。

滚后下摆止口：将3.6cm的滚条（45°斜料）对折，分别扣烫缝份0.8cm，滚条宽为1.0 cm，见图2-2-23所示后下摆滚条的细节展示，包缉0.1cm单止口，见图2-2-24和图2-2-25所示包缉下摆滚条。

图2-2-14

图2-2-15

图2-2-16

图2-2-17

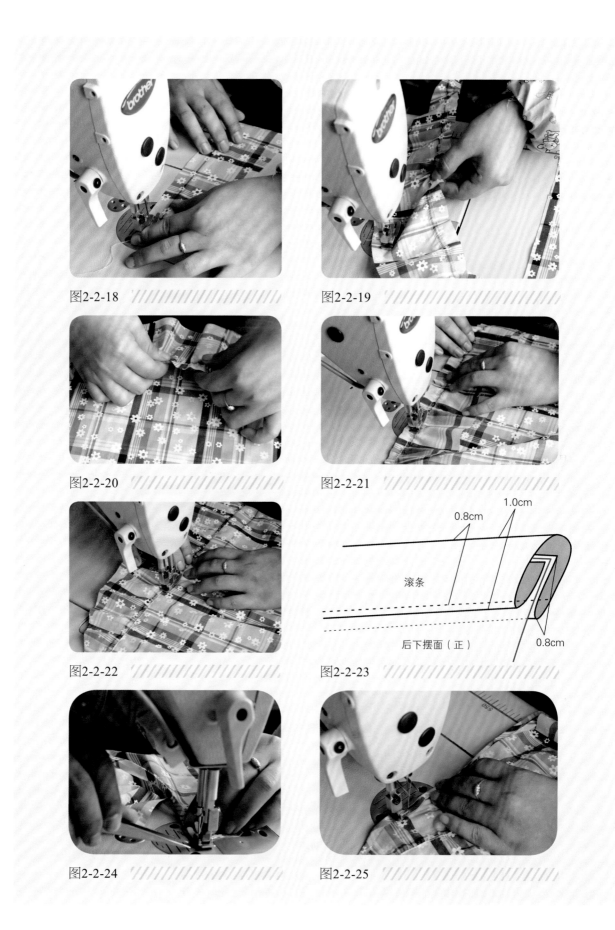

图2-2-18

图2-2-19

图2-2-20

图2-2-21

图2-2-22

图2-2-23

图2-2-24

图2-2-25

5. 装后过肩

5.1　拼接后背过肩

　　将两片过肩正面相对，后衣片正面向上放在两层过肩的中间，后中、后裥折好三层对齐，压缉1.0cm缝份，再将缝份修劈至0.5～0.7cm，见图2-2-26所示修劈多余的缝份。接着将过肩面翻至正面，其余不变，在过肩面的正面压缉0.1cm单止口，注意压缉时不能压缉在过肩里上，见图2-2-27所示压缉三层过肩的单止口。

5.2　装后背过肩

　　装后背过肩有两种方法。方法一为单片一层一层装缉，方法二为三层一起夹装，具体操作方法如下。

　　方法一：

　　先将大身前肩反面与一片过肩面的正面相缉0.8cm，见图2-2-28所示合肩缝，然后将合着两片的大身前肩正面与另一片过肩面的正面相缉1.0cm，见图2-2-29所示翻转过肩，最后在过肩面的正面压缉0.1cm单止口，见图2-2-30所示缉肩缝图。

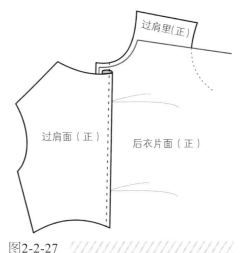

图2-2-27

图2-2-28

图2-2-29

图2-2-30

图2-2-26

方法二：将过肩面与过肩里分别烫出1.0cm缝份，将三层缝份同时一把缝制，再翻转后，见图2-2-31所示三层压缩过肩的细节展示，在肩缝正面压缩过肩0.1cm单止口，见图2-2-32所示过肩俯视图。

6. 做领与复领

6.1 做领面

将两片领面裁片正面相对，按净样线缝合领面外延，见图2-2-33所示压缩领面缝份。缉线时，在领面反面的领角两侧各为3.0～5.0cm左右处，拉紧领角底片，让领面缝制过程中有微量的吃势，见图2-2-34所示缝制领面外延，使领角呈自然向大身卷曲的状态，形成一定的窝势。同时，在领尖处夹入一线段，便于翻转领尖。

折烫翻领：修剪多余的缝份至0.3cm，领角处剪除三角形缝份至0.2cm，见图2-2-35所示剪

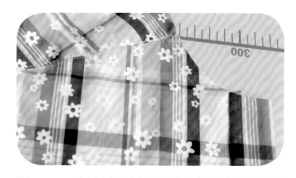

图2-2-32 ////////////////////////////////

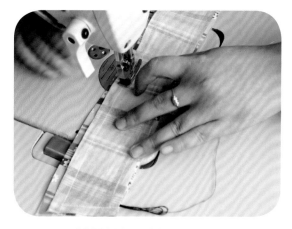

图2-2-33 ////////////////////////////////

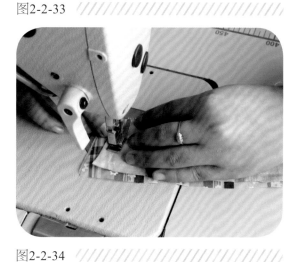

图2-2-34 ////////////////////////////////

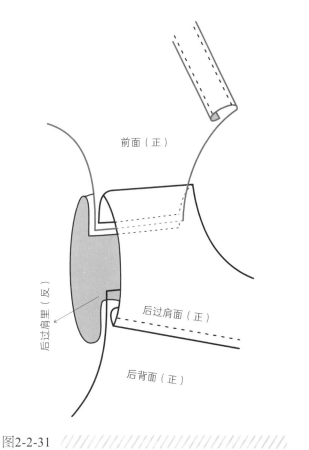

图2-2-31 ////////////////////////

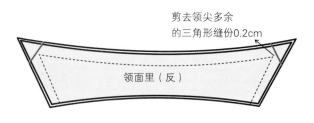

图2-2-35 ////////////////////////

三角形缝份，用熨斗将缝份烫开成分开缝，见图2-2-36所示烫分开缝。接着，拉出领尖处的线段翻转领尖，这种方式比较适用于领角造型尖而细的领子，也可使用镊子翻转领尖。

扣烫领面应注意领子里外的止口，不能出现止口反吐的质量问题，见图2-2-37所示的翻转领面和图2-2-38所示的翻烫领面。最后，烫平领面并缉0.1cm单止口，见图2-2-39所示压缉领面单止口。

6.2　做领座

整理领座的缝份：领座面修劈成1.0cm缝份，领座里可适当留宽些，见图2-2-40所示整理领座缝份，待领座面与领座里缝合后再修劈。接着，按领座的净样版扣烫领座面的下口弧线，做好后领中心、肩点的标记，并在领座面的下口缉线0.6cm，见图2-2-41所示压缉领座面止口。

缝制领座：将两片领座正面相对，按缝合净线做左右领座的圆头，见图2-2-42所示压缉领

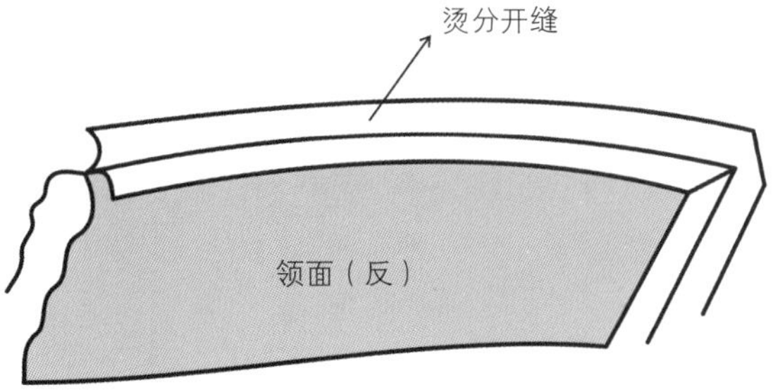

图2-2-38 //////////////////////////////////////

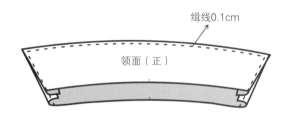

图2-2-39 //////////////////////////////////////

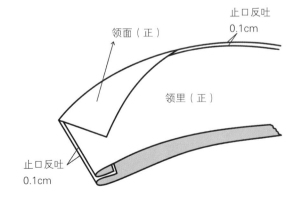

图2-2-36 //////////////////////////////////////

图2-2-40 //////////////////////////////////////

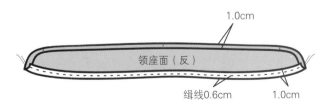

图2-2-41 //////////////////////////////////////

图2-2-37 //////////////////////////////////////

75

Too

座圆头，完成后修整两片领座的缝份量，领座圆头的缝份越小，越容易翻转，约在0.2cm之间，见图2-2-43所示修劈领座圆头缝份。

6.3 缝制男式衬衫领

将做好的领面夹入两两相对的领座中，沿领座上口净线三层一起缉线，见图2-2-44所示复合领座与领面，注意缉线时"三眼"（即领中点、装领面的起始点）对齐，然后，用大拇指顶住领座圆头，翻出的领座圆头圆顺，熨烫时止口不反吐，圆头熨烫平，见图2-2-45所示熨烫领子。也可采用单片缝制法：先将领座里与领面缝合缉线

0.8cm，再将领座面与其缝合缉线1.0cm。最后一道工序是缉领座上口线，在领面的起始位子压缉0.1cm单止口，两片领座面上都要有明缉线，不能出现脱针、滑口等质量问题。

6.4 复男式衬衫领

上男式衬衫领：领座里的正面与大身领口弧线正面相叠，领座里离开门襟止口约0.1cm处开始缉线，见图2-2-46所示领座与门襟止口位子，从左至右的顺序：左肩点——后中心点——右肩点的三眼要对齐，按留出的缝份缉线1.0cm，见图2-2-47所示上领座面，接着将多余的缝份修劈至

图2-2-42

图2-2-43

图2-2-44

图2-2-45

0.6cm，见图2-2-48所示修劈领口缝份。特别值得注意的工艺细节是：一般领子的下口弧线比大身领口弧线大0.3～0.5cm，上领缉线时至肩点处，需将领口弧线适当拔出，将领子的余量在此处解决即可，大身领口的其他部位不能进行归拔。

复合男式衬衫领：从右边领座面的上口处开始，缉线与上口明缉线的断线处自然衔接，见图2-2-49所示右领座面上口接线，经右领座圆头至领座下口，见图2-2-50所示领座下口缉线，再经左领座圆头至左边领座面上口的断线处结束，压缉0.15cm止口，见图2-2-51所示左领座面上口接线。

图2-2-48

图2-2-46

图2-2-49

图2-2-50

图2-2-47

图2-2-51

复领的技术要点：首先是门里襟的两头要塞足、平整，见图2-2-52所示门襟圆头，止口不能出现反吐现象；其次压缉明线时，接线处自然平顺，没有断线、没有脱针等质量问题；第三，复领压线有两种方式：一种是"上坑"缉线，则压缉线时领座面与领座里的止口对齐，在领座面与里的正反上都能看到明缉线，如图2-2-53所示"上坑"缉线的红色线迹。另一种是"下坑"缉线，此时领座面比领座里多出0.1cm，压缉线一边缉在领座面上，一边缉在大身上，如图2-2-54所示"下坑"缉线的红色线迹。

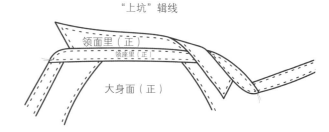

图2-2-53

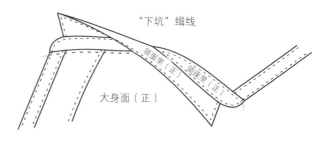

图2-2-54

7. 做前下摆与拼侧缝

先将领口对齐，门里襟对合，校对门里襟条格、长短，并修正门里襟的长短，门里襟的公差为：允许门襟比里襟长0.1cm。反之，需检查装领处左右缝份的大小是否一致，门里襟缉线的缝缩是否一致。接着沿下摆贴边0.5cm处缉辅助线，见图2-2-55所示压缉并收下摆圆弧，然后三卷0.5cm，压缉0.1cm单止口，见图2-2-56所示三卷压缉下摆单止口。

图2-2-55

图2-2-52

图2-2-56

拼侧缝：将左右侧缝按前片叠后片的顺序摆放好，对齐左右止口，缉1.0cm缝份，见图2-2-57所示拼侧缝。前后侧缝的拼接质量是鉴别对格对条衬衫品质高低的重要条件之一，因此，对格对条的衬衫没有特殊的设计要求，一般左右侧缝都会强调条格的对合。打开侧缝拼接处，检查面料对格对条的质量，再压缉0.1cm的单止口，见图2-2-58所示压缉侧缝单止口。

8. 做袖与装袖

8.1　袖衩的缝制技术

做袖衩有两种方法：一为直袖衩，也称一字袖衩，常在女式服装的袖衩中使用；二为宝剑头袖衩，常在男式服装的袖衩中使用。直袖衩的制作技术：从袖片的袖口开衩位向袖山方向剪开11.0cm的装衩位子，将袖衩条对折后两边的缝份各扣烫翻转0.6cm，袖衩面比袖衩里略缩进0.1cm，再将袖子夹入袖衩条一起压缉0.1cm单止口，见图2-2-59所示压缉袖衩条。接着，在离袖衩转弯处封0.8～1.0cm三角，封线宽度不能超过袖衩条宽度，然后翻折大袖片的门襟袖衩向里放平、固定。最后完成袖侧缝合，即将前后袖片侧缝相缉1.0cm缝份，并拷边，缝份向后片倒，见图2-2-60所示翻叠大袖片袖衩条。

图2-2-57

图2-2-58

图2-2-59

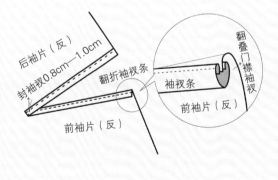

图2-2-60

8.2 袖克夫的缝制技术

将两边扣烫1.0cm缝份的袖克夫裁片对折，克夫面比克夫里多出0.1cm，按照袖克夫净样封袖克夫两头并修劈多余的缝份，见图2-2-61所示封袖克夫两端，再将袖口边夹在袖克夫中间，见图2-2-62所示夹装袖克夫，三层一起缉线0.1cm，见图2-2-63所示压缉明线，再检查袖衩条、袖克夫是否整齐、平服，见图2-2-64所示

复核袖克夫与袖衩长短。

8.3 装袖的缝制技术

将袖山弧线与大身袖窿弧线的复合位子对齐，见图2-2-65所示袖山与袖窿弧线的对位，袖山中点对齐肩点，袖子侧缝与大身侧缝相对，然后将袖子在上、大身袖窿在下放平，一起缉1.0cm缝份，接着大身在上拷边，缝份倒向袖窿，见图2-2-66所示袖窿与侧缝缝份的倒向。

图2-2-61

图2-2-62

图2-2-63

图2-2-64

图2-2-65

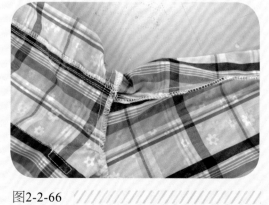

图2-2-66

四、后整理技术

4.1 整理与手工部分

锁扣眼：门襟6粒扣，可采用手工或机器来锁扣眼、钉扣，扣眼的大小应大于扣子0.2cm左右。袖克夫各为1粒扣，扣眼也应略大于钮扣。

先整理与清除女衬衫上的污渍、线头等，再开始用蒸汽熨斗分别熨烫，总体要求服装重要部位平整，不起皱、不得出现极光。成衣着装正反图见图2-2-67所示着装正面图和图2-2-68所示着装背面图。

4.2 熨烫部分

4.2.1 门里襟熨烫：门襟缉线顺直，遇到扣眼、钮扣位置，要避免直接熨烫，尤其是塑料钮扣，切忌高温熨斗的接触，避免钮扣变形、损坏。

4.2.2 领子熨烫：先由熨烫领里开始，再熨烫领面，领角尤其容易出现极光、黄斑、污渍，可在领角处覆上白烫布，再熨烫。

4.2.3 袖子熨烫：将袖口的碎褶放均匀后蒸汽熨斗适当蒸一下，不能压烫。熨烫袖克夫时，拉紧袖克夫，用熨斗横推熨平即可。

4.2.4 其他部位熨烫：左右侧缝熨烫时，根据缝份的倒向压烫平整，再熨烫后裆和下摆部位。

图2-2-67 ///////////////////

图2-2-68 /////////////////

一、对格对条男童长袖衬衫

1. 男童长袖衬衫的款式特点

本例男童长袖衬衫的款式特点是男式衬衫小尖领，左门襟6粒扣的长袖衬衫。衣身结构：外部轮廓呈H型的圆下摆长袖衬衫，前胸左右贴袋各一个，装后过肩，后背左右各有一褶，宝剑头袖开衩二个褶，装圆头袖克夫，见图2-3-1男童长袖衬衫的效果图。

2. 样版整理与质量要求

2.1 男童长袖衬衫部件

男童长袖衬衫的部件依然由面料和衬组成。面料的部件是：两片前衣片，一片后衣片，两片后过肩，两片前贴袋，两片袖片，4片袖克夫，宝剑头大、小袖衩各两片，领面、领里各一片，领底面、里各一片。辅料的部件：领面、领里衬各一片，领底面、领底里衬各一片，门襟衬两片，袖克夫衬两片，钮扣12粒，以及商标、洗唛、尺码、配色线等，见图2-3-2所示男童长袖衬衫的正反款式结构图。

图2-3-1

图2-3-2

2.2　质量要求

难点与重点：做领、装领以及宝剑头袖衩的制作。

领子质量要求：衬衫领两角长短一致，有窝势；领面平挺，无起皱、无歪斜；领子缉线宽窄一致，无滑口、无脱针。门襟质量要求：门襟长短、宽窄一致，装领处门襟上口平直。袖子质量要求：装袖饱满圆顺，左右袖克夫、袖衩长短与宽窄一致且平服，缉线止口圆顺，无毛脱。整烫质量要求：成品不能出现烫黄、污渍，外观整洁美观，无线头。

二、男童长袖衬衫的工艺流程

裁剪做缝制标记——黏衬（门里襟、领子、袖克夫）——烫并做门里襟——做并装前胸贴袋——装后过肩并缝合肩缝——做领并装领——做宝剑头袖衩——做袖并装袖克夫——装袖——缝合前后侧缝——卷底边——锁眼、钉扣——整烫、包装。

三、组合装饰缝制技术

1. 缝制前的准备工作

1.1　部件黏合衬的裁剪与黏贴

部件配衬：用热熔胶涂层为聚酰胺（PA）黏合衬，在领面、领里、领底面、领底里、袖克夫、门里襟处黏上无纺衬，见图2-3-3所示部件的配衬，可采用人工熨斗或机械设备黏合，用衬的方向尽可能与面料的丝缕一致。熨烫要求、方法与女童长袖衬衫一样，让黏合衬上的热熔胶彻底融化，确保面料的表面不起泡、不起皱，保证男童衬衫的美观和质量。

1.2　标出重要部位的缝制标记

采用消失笔、划粉、剪刀口等工具，在裁片上做好定位、大小、拼接、缝份等标记，如前胸贴袋的位置、领子的复领位置、门里襟的宽窄量、后背的折裥量、装袖的定位及后中心等重要缝制标记，见图2-3-4所示的缝制标记。

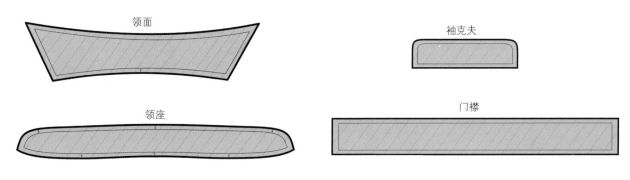

图2-3-3

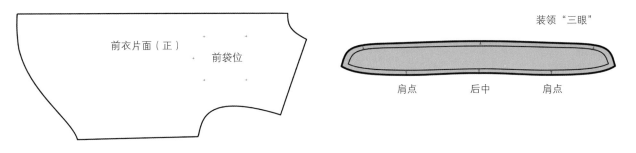

图2-3-4

1.3 按衣片的样版修劈裁片

用裁剪样版剪去多余缝份，如领面、领底、袖克夫等黏衬的裁片。修劈注意事项和正确的姿势参照前章节女童衬衫的修劈要求。

2.门襟缝制技术

门襟的制作方法很多，常归类为分片式门襟和连片式门襟两大类。分片式门襟，即门襟与衣身为断开式结构，也有多种制作技术。一种制作技术为"三层缉线式"：根据左右门里襟的宽度2.0cm，将两边缝份扣烫，翻转熨烫时要注意对格对条，然后门襟与大身一起压缉0.1cm单止口，见图2-3-5所示夹装门里襟。另一种制作技术是"反装正缉式"，即将门襟对折，按门襟宽度扣烫两边缝份，先将门襟里的正面与大身的反面相合缉1.0cm缝份，再将门襟翻转，与大身正面相合缉0.1cm单止口，见图2-3-6所示反装正缉门里襟。

连片式门襟，即门襟与衣身为一体式结构，根据材料和设计需要也有多种制作技术。如面料正反的颜色与组织结构相同，可将门襟量与大身连为一体，制作时，直接在门襟正面扣烫1.0cm的缝份，三卷缉线0.1cm即可，见图2-3-7所示扣烫连片门襟。若面料正反颜色不一，可将门襟反面相对，三卷2.5cm在衣片反面压缉0.5cm缉线，见图2-3-8所示三卷门襟，再翻转门襟，压缉0.1cm+0.5cm的双止口，见图2-3-9所示压缉门襟双止口。

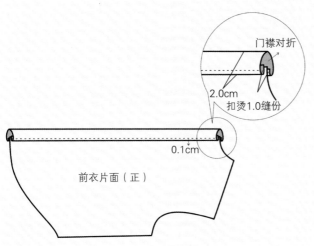

图2-3-5

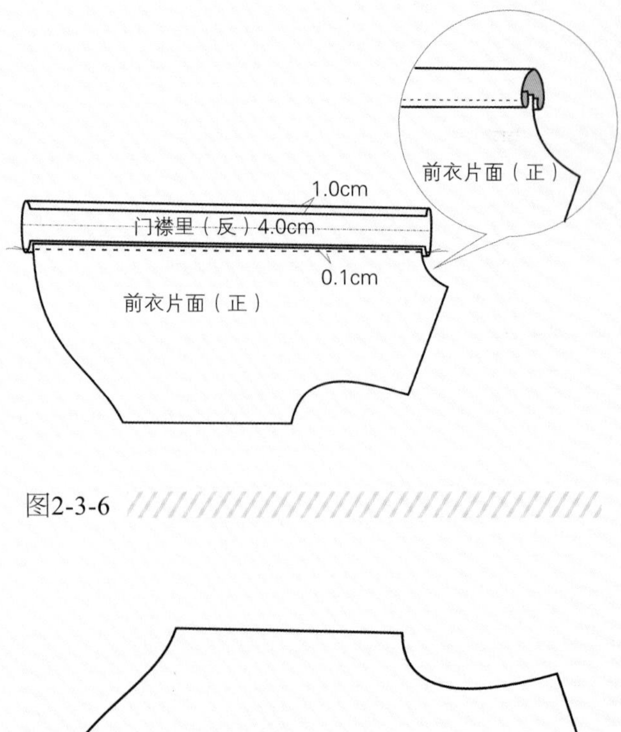

图2-3-6

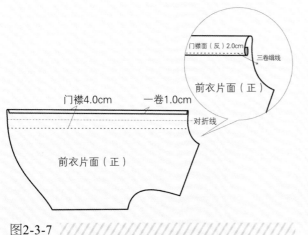

图2-3-7

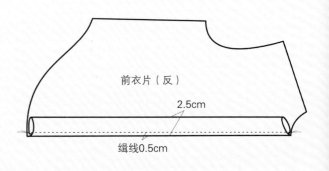

图2-3-8

3. 前胸贴袋的缝制技术

做前胸贴袋：将口袋贴边两折后烫成宽3.0cm的贴边，用口袋净样版扣烫前贴袋三边缝份0.6cm，见图2-3-10所示两折做前袋贴边。

复前胸贴袋：按前胸贴袋点位的缝制标记，将前胸贴袋端正置于前衣片上，从袋口的左边起针，可采用直角"⬏"先封袋口，封口宽度一般为0.5cm，然后再顺前胸贴袋造型三边缉线0.1cm单止口，见图2-3-11所示复前胸贴袋和红色封口走势。

4. 宝剑头袖衩的缝制技术

4.1 宝剑头袖衩里襟制作

男式服装常用的袖衩为宝剑头袖衩。制作技术：从袖片的袖口开衩位向袖山方向剪开11.0cm的装衩位子，在收尾出剪出"Y"形切口，见图2-3-12所示袖衩里襟条。接着，将袖衩里襟条对折后两边的缝份各扣烫翻转0.6cm，将袖子与袖衩里襟条一起压缉0.1cm单止口，见图2-3-13所示缉袖衩里襟。

4.2 宝剑头袖衩门襟制作

将袖衩门襟按宝剑头半净样版扣烫，见图2-3-14所示扣烫袖衩门襟条，同样将宝剑头门襟夹住袖片开衩处，一起压缉0.1cm单止口，注意避开袖衩里襟，而且宝剑头门襟里的止口要超出宝剑头的缉线1.0cm缝份，这一细节非常重要，见图2-3-15所示压缉宝剑头门襟的缉线，接着将袖衩门襟与里襟重叠压缉宝剑头的明缉线。

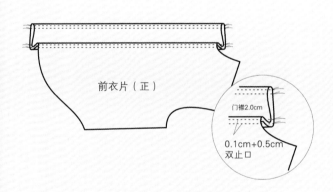

图2-3-9

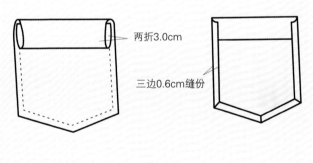

图2-3-10

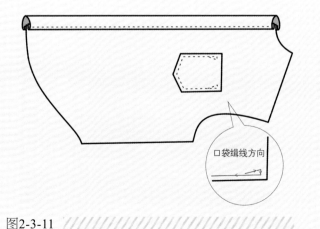

图2-3-11

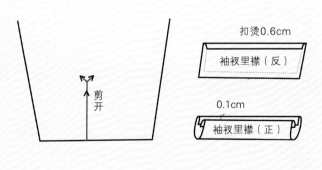

图2-3-12

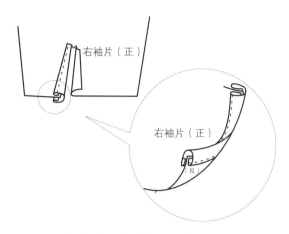

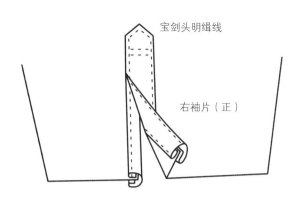

图2-3-13 ////////////////////////////

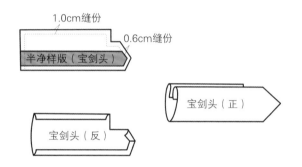

图2-3-14 ////////////////////////////

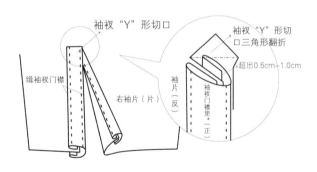

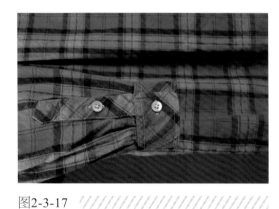

图2-3-16 ////////////////////////////

图2-3-15 ////////////////////////////

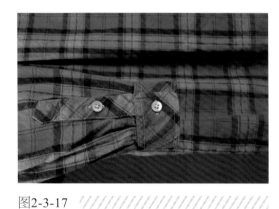

图2-3-17 ////////////////////////////

　　压缉宝剑头的明缉线时，宝剑头的缉线从起始线迹至收尾线迹不能出现线迹的断缝痕迹，需一气呵成，见图2-3-16所示宝剑头明缉线的红色箭头走势，以及图2-3-17和图2-3-18所示不同宝剑头的明缉线。

　　装后过肩、做领、做袖、做下摆等其他部位的缝制技术，以及整烫后整理技术与女童长袖衬衫相似，可参照前章图例操作。

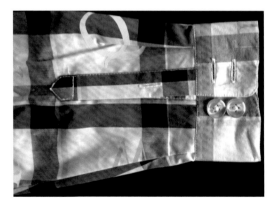

图2-3-18 ////////////////////////////

图2-3-20 ////////////////////////

四、后整理与熨烫技术

　　清除与整理男童衬衫上的线头、污渍，熨烫顺序和手法同前，要求男童衬衫的领子、袖克夫、前后衣片等重要部位不起皱、不极光，成品的外观整洁、美观、平整，见图2-3-19所示成衣着装细节图和图2-3-20所示的整体着装图。

图2-3-19 ////////////////////////

一、休闲罗纹男童长裤

1. 休闲罗纹男童长裤的款式特点

休闲罗纹男童长裤的款式特点：休闲直筒式灯芯绒长裤。罗纹男长裤的造型结构：直筒裤，装腰，腰头罗纹牛筋作装饰，左右圆弧形月亮挖袋，罗纹布装饰并收紧脚口，通身为0.1cm+0.5cm的双缉线止口，见图2-4-1休闲罗纹男童长裤。

2. 质量要求

2.1 休闲罗纹男童长裤部件

罗纹男长裤的部件由面料和辅料组成。面料的部件是：两片前裤片，两片后裤片，两片袋垫布。辅料的部件：一片连片腰头罗纹，两片袋口嵌条，两片脚口罗纹，两片袋布，一枚绣花标贴，3.0cm宽牛筋一根，以及商标、洗唛、尺码、配色线等，见图2-4-2所示休闲罗纹男童长裤的正反款式结构图。

图2-4-1

图2-4-2

2.2 质量要求

难点与重点：腰、袋的制作。

质量要求：成品裤子的尺寸符合规格要求，圆弧形月亮袋袋口平服，左右高低一致；腰头牛筋罗纹松紧均匀；前后裆缝"+"字缝对齐，双缉线宽窄一致，无脱针、无起皱、无歪斜。整烫质量要求：成品不能出现烫黄、污渍，外观整洁美观，内外无多余的线头。

二、休闲罗纹男童长裤的工艺流程

裁剪做缝制标记——做前圆弧形月亮袋——做装饰贴花——缝合前后裆——拷边并缉前后龙门双止口——缝合内外侧缝——拷边并缉双止口——做腰并装腰——装脚口罗纹并拷边——整烫、包装。

三、组合装饰缝制技术

1. 缝制前的准备工作

1.1 部件的配置与裁剪

部件配置：袋布的配置，是采用本色布料做袋布，左右袋布对合裁剪，注意灯芯绒面料的倒顺光，袋布的丝缕与裤子的丝缕保持一致，防止袋布出现一顺现象，见图2-4-3所示左右对称袋布的配置。罗纹的配置，采用纬向弹力较大丝缕方向，打开放松搁置24h后再裁剪。牛筋的配置，将3.0cm宽度的牛筋，松开放置72h后再裁剪。

1.2 标出重要部位的缝制标记

使用定位样版在裁片上做好定位、大小、拼接、缝份等标记，用消失笔、划粉、剪刀口等方式做好缝制前的标记，如缝份、前裤片的贴花位置、装袋位置等重要缝制标记，见图2-4-4所示前裤片的贴花、缝制等标记。

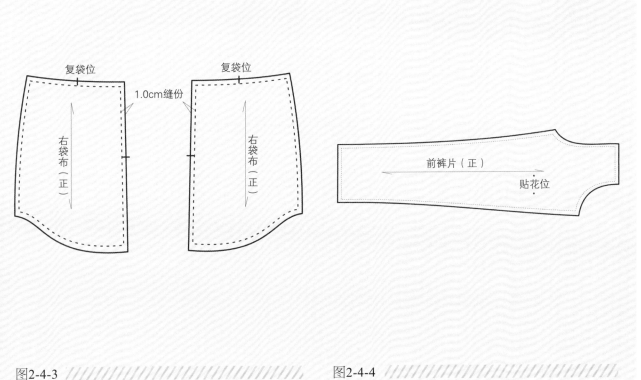

图2-4-3　　　　　　　　　　图2-4-4

2. 前圆弧形月亮袋的缝制技术

2.1 便捷式圆弧形月亮袋的缝制技术

做月亮袋贴边：将口袋罗纹贴边两折，烫成宽1.5cm的罗纹贴边，熨烫时注意使用蒸汽熨烫，切忌不能压死对折的罗纹贴边，见图2-4-5所示罗纹贴边，用镊子将罗纹往前送，与袋口压缉0.5cm缝份，见图2-4-6所示压缉圆弧形袋口的贴边。

便捷式月亮袋的缝制技术：将袋口贴边罗纹在上大身在下拷边，袋口面料上压缉0.1cm+0.5cm双止口。接着，袋布的两侧拷边，将罗纹贴边与袋布的袋位对合固定0.5cm，见图

2-4-7所示端平方正压缉袋口罗纹。

再用前袋半净缉线样版，将样版附在袋布与大身上，沿着样版的边缘先压缉0.1cm止口，再在内缉0.5cm止口，见图2-4-8缉前贴袋双止口和图2-4-9所示成品前贴袋。

2.2 口袋贴边式月亮袋的缝制技术

做口袋贴布：在对折口袋布的左右缉上袋贴布，袋垫布大于月亮袋的挖口2.0～3.0cm，沿拷边线四周压缉0.5cm缉线，见图2-4-10所示压缉口袋的袋垫布，注意左右袋垫布的对称。接着，将另一侧口袋圆弧与大身圆弧复合，罗纹嵌条夹在两者之间，压缉1.0cm缝份，见图2-4-11所示压缉月亮袋的袋口。

图2-4-5 ///////////////////////

图2-4-6 ///////////////////////

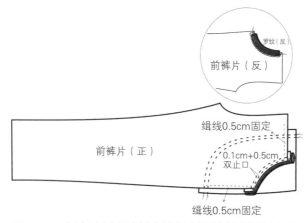

图2-4-7 ///////////////////////

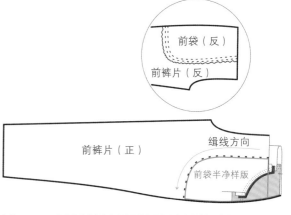

图2-4-8 ///////////////////////

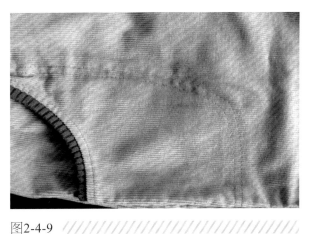

图2-4-9 ///////////////////////////////////

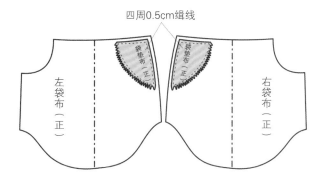

图2-4-10 ///////////////////////////////////

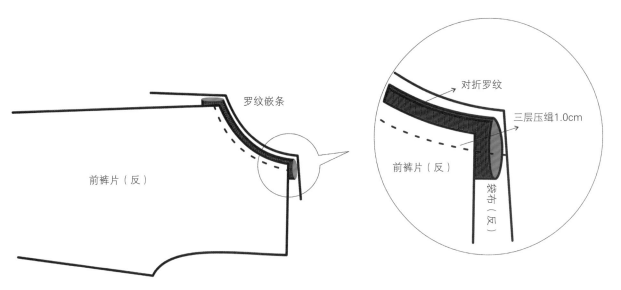

图2-4-11 ///////////////////////////////////

　　月亮袋的制作：在裤片大身正面扳足缝份，多层压缉0.1cm+0.5cm双止口，将前月亮袋圆弧线与袋垫布的袋位对合固定，压缉0.5cm缝份，见图2-4-12所示做月亮袋，接着封袋口下端1.0cm缝份并拷边，见图2-4-13所示封口袋布，也可采用口袋下端包缝做光的方法。

　　包缝做光袋布制作：先将口袋袋垫布按图2-4-10压缉后，然后将袋布反面相对，压缉口袋下端0.3cm缝份，见图2-4-14所示压缉口袋缝份，然后翻转袋口，将口袋下端压缉0.5cm包缝，见图2-4-15所示包缝封口，注意包缝时不能出

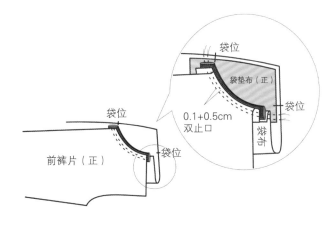

图2-4-12 ///////////////////////////////////

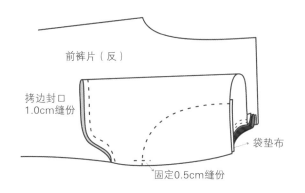

图2-4-13

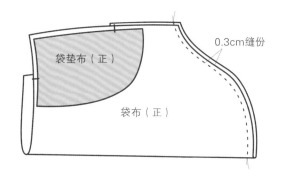

图2-4-14

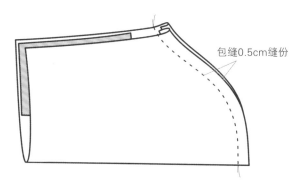

图2-4-15

现毛缝。接着按图2-4-11所示做袋口嵌条和贴边，再按图2-4-12所示的顺序制作即可完成另一种口袋布的缝制。

3. 装饰绣花贴标制作技术

可将现成的绣花贴标固定在左腿装饰的位子，可用大头针或手工针粗粗固定，见图2-4-16所示固定贴标，再沿着贴标的轮廓压缉一圈，注意贴标平整，大身不起褶皱，见图2-4-17所示压缉贴标。如果裤子或衣服上有特殊的绣花要求，则需要将裁好的裁片部件送绣花部门，在需要的部位绣花、装饰，然后再进入缝制环节。

4. 前后裆缝制技术

将两片前裤片正面相对，按缝制标记压缉1.0cm缝份并拷边，在正面压缉0.1cm+0.5cm双止口，见图2-4-18所示前浪双缉线；同样将两片后裤片正面相对，沿缝制标记压缉缝份、拷边，打开后片压缉后龙门双缉线，见图2-4-19后裆双缉线。

5. 内外裆侧缝制作技术

将前裤片正面与后裤片正面相对，沿外档侧缝压缉1.0cm缝份，再沿正面压缉双止口。接着缝制裤子的内裆侧缝，从腰口至脚口压缉1.0cm

图2-4-16

图2-4-17

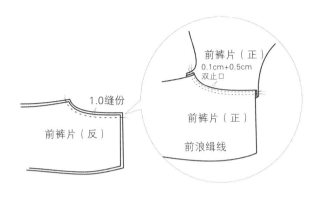

图2-4-18 ////////////////////////////////////

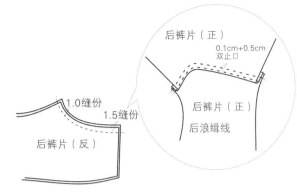

图2-4-19 ////////////////////////////////////

缝份，因中裆以上是腿部运动的着力部位，为加固裤子的牢度，常常从腰口至中裆离开第一条线迹0.1cm处，再压缉第二条缉线。

6. 罗纹腰头缝制技术

按腰大小断好牛筋的长度，拼接成圆圈状，同样也将罗纹腰正面相对拼接成圆圈状，将牛筋包夹对折的罗纹中压缉1.0cm缝份，见图2-4-20所示包夹牛筋，再将罗纹均匀的与裤腰拼接在一起，罗纹在上裤片在下拷边，正面压缉双止口，见图2-4-21所示罗纹腰头的成品展示。

知识链接：工具在童装缝制中的重要性

英国皇家美术大学教授布鲁斯·阿彻尔认为，"过去的设计者往往是依靠直观来进行设计的，现今以直观的方法为基础的设计领域依然存在。但是，现代设计技能是在完成复杂设计使命基础上发挥与延展……"。因此，设计离不开技术，而技术离不开工具，它是大工业生产方式下，人类通过服装生产设备、技术的改造提高生产效率的有效途径。

常用缝纫设备分为家用和工业用两类，家用

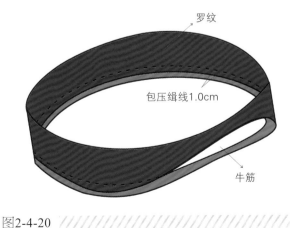

图2-4-20 ////////////////////////////////////

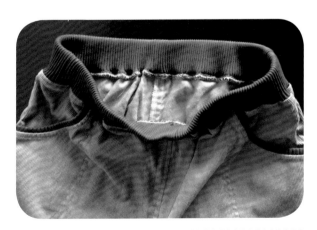

图2-4-21 ////////////////////////////////////

缝纫机品种相对单一，工业用缝纫设备品种繁多，它是服装企业最普通的设备，按其使用对象可分为通用、专用、装饰用、特种缝纫机四大类。通用缝纫机：生产中使用频率高，适用范围广的缝纫机械，见图2-4-22所示的单针平缝机。平缝机按机针数又分：单针平缝机，双针平缝机。平缝机的特点是结构简单，用线量较少，形成线迹的牢度较好，线迹不易拆解或脱散。平缝机与链式线迹缝纫机相比，换梭芯所花时间较少。图2-4-23所示的绷缝机，是由两根或两根以上的直针和一个下成缝器（即带线弯针）相互配合，形成部分400类多针链式线迹及600类覆盖链式线迹的通用缝纫机械。

专用缝纫机：用来完成某种专门缝制工艺的缝纫机械。如：套结机、钉扣机、锁眼机等。见图2-4-24所示的套结机和图2-4-25所示的锁眼、钉扣机。

装饰用缝纫机：用以缝纫各种漂亮的装饰线迹及缝口的缝纫机械。有绣花机、曲折缝机、月牙机等，见图2-4-26所示的多头电脑绣花机。可按机头的个数分类，可按绣花方式分类，也可按自动、半自动和手工来分类。

图2-4-22 //////////////////////////////

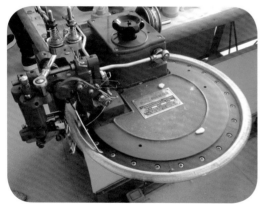

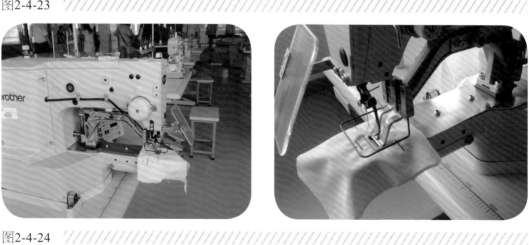

图2-4-23 //////////////////////////////

图2-4-24 //////////////////////////////

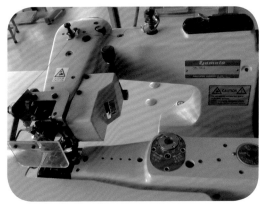

图2-4-25　//

图2-4-27　//

图2-4-26　//

还有在生产过程中发明的小工具也非常实用，见图2-4-30所示检验布疵的设备，见图2-4-31所示的翻领工具，以及图2-4-32所示的压衬小设备等。

俗话说"三分做工，七分烫工"，熨烫是完成设计制作的最后一道工序，随着人们对服装流行的追逐，讲个性、讲时间、讲质量的要求越来越明显，因而对熨烫的要求也越来越高，见图2-4-33所示的蒸汽熨烫设备。现今服装企业开始向快速反应生产系统发展，旧的多工序连续式的平面压烫机已逐步发展成立体整烫与服装立体设计、立体裁剪、立体缝纫、立体包装、立体仓储及运输等新技术配套。因此，作为一名成熟优秀设计师还应了解服装的裁剪、缝纫和熨烫这些工序及工艺流程。

特种缝纫机：能按设定的工艺程序自动完成一个作业循环的缝纫机械。如：自动开装机、自动裁剪机等，既省时又高效，见图2-4-27所示的特种机，图2-4-28所示的工业电剪刀到图2-4-29所示的高科技自动裁剪设备。

图2-4-28

图2-4-30

图2-4-29

图2-4-31

图2-4-32

图2-4-33

第三章
时尚童装的新型工艺

一、时尚童旗袍的款式设计

1.时尚童旗袍的款式特点

　　时尚童旗袍❶的款式特点是中式立领，左衽大襟左右侧开衩式童旗袍。衣身结构：外部轮廓造型为收身无袖连体式中长裙，左右不对称左衽大襟，4粒中式盘花扣，前后左右腰省各一个，左右侧开衩呈圆弧形下摆，通体撞色滚条镶嵌，见

图3-1-1所示时尚童旗袍的效果图。

2.时尚童旗袍的技术特点

2.1　缝制重点与难点

　　时尚童旗袍是在传统中式旗袍基础上的变款童装旗袍，采用部分旗袍的制作技术，再结合现代简洁的缝制工艺来完成童旗袍的缝制，其制作重点、难点是中式立领的制作，左衽大襟的制作以及撞色嵌条的制作。

图3-1-1

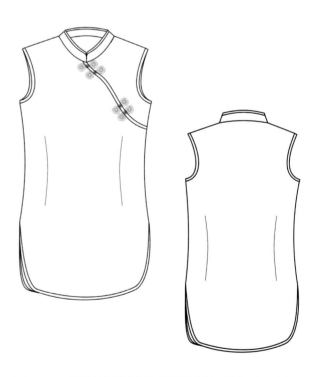

图3-1-2

---

❶ 旗袍：满族妇女的袍服被称为旗袍，后受外来服饰的影响，开始紧身、变异，显出女性的曲线。旗袍也被公认为是中华民族最具代表性的服饰之一。

2.2 部件与质量要求

2.2.1 时尚童旗袍的部件

解构时尚童旗袍结构，它的部件分别由面料和辅料组成。面料的部件是：一片左前衣片，一片右前衣片，一片后衣片，领面、领里各一片。辅料的部件：领面、领里衬各一片，花盘扣4粒，撞色滚条数根，包缝滚条数根，以及商标、洗唛、尺码、配色线等，见图3-1-2所示时尚童旗袍的正反款式结构图。

2.2.2 质量要求

领子质量要求：领子两角圆顺，领面平挺，不起皱、不起拧，有窝势；领子撞色嵌条宽窄一致，缉线无滑口、无脱针。门襟质量要求：左衽大门襟、里襟平服，装领处门襟上口平直，嵌条宽窄一致。袖窿质量要求：袖窿弧线嵌条饱满圆顺，左右袖窿长短与大小对称，缉线止口顺直，无毛脱。整烫质量要求：熨烫时使用白色烫布，成品外观整洁，没有污渍、黄斑。

3. 时尚童旗袍的工艺流程

裁剪做缝制标记——黏立领衬——画立领净样——烫并做门里襟滚条——收前后腰省——包缉前后肩毛缝——缝合肩缝——做领装嵌条并装领——做袖窿滚条——做下摆滚条——缝合前后侧缝——手工钉扣——整烫、包装。

二、时尚童旗袍的细节设计与工艺技术

1. 滚边细节工艺技术

1.1 缝份包边技术

先使用白色的滚条对折，一侧放于肩缝下，见图3-1-3所示包缝滚条，另一侧放于肩缝上，见图3-1-4所示对折白色包缝滚条，将肩缝夹缝压缉0.1cm，见图3-1-5所示压缉包缝滚条，如此反复多次，将前后片、左右肩缝包去毛缝。

接着将包光的前后肩正面相对，上下对齐压缉1.0cm缝份，见图3-1-6所示，用熨斗压烫分

图3-1-3 ///////////////////////

图3-1-4 ///////////////////////

图3-1-5 ///////////////////////

图3-1-6 ///////////////////////

开缝见图3-1-7所示，这种精湛的包缝制作技术不仅使得服装的反面整洁、漂亮（见图3-1-8所示），也彰显出高端成衣的品质，其制作速度快捷、方便，是精品服饰常用的技术手段。

1.2 左衽大襟滚边技术

将左衽大襟裁片熨烫平整，修劈多余的缝份至0.5cm见图3-1-9所示左衽大襟裁片，再用对折熨烫好的滚条（45°斜料），将大襟的缝份包裹住，见图3-1-10所示对比色撞色滚条。

压缉包缝时，注意先将包缝头多余缝份的滚条折叠，见图3-1-11所示折叠滚条多余缝份，再对折夹包，将缝份隐藏在滚条中，见图3-1-12所示隐藏包缝端口缝份。

接着沿滚条止口多层压缉0.1cm缉线，见图3-1-13所示压缉撞色滚条单止口，要求滚条与大襟吃势均匀、平服，撞色滚条没有出现不规则波浪，见图3-1-14所示均匀平整的撞色滚条，完成后将

图3-1-9 ////////////////////////////

图3-1-10 ////////////////////////////

图3-1-7 ////////////////////////////

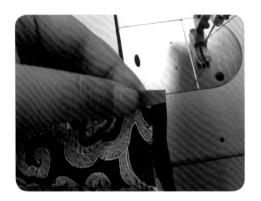

图3-1-11 ////////////////////////////

图3-1-8 ////////////////////////////

图3-1-12 ////////////////////////////

多余的滚条修整，见图3-1-15所示修劈滚条。

2. 镶嵌式中式立领的缝制技巧

2.1　准备工作

嵌条的准备：准备一条宽为2.0cm的撞色面料做嵌条，丝缕为45°斜料，沿对折中心线缉线并留出0.5cm的嵌条宽，另一侧缝份修劈至0.3cm，见图3-1-16所示修劈立领嵌条。有时，为了使嵌条显得饱满，常常在嵌条中夹入一根棉绳，再压缉嵌条，这可使嵌条更具骨感或立体效果。

领面的准备：用立领的净样版在立领面的反面画出缝制标记、装领肩缝对位标记和后中装领标记，见图3-1-17所示复领标记。

同样将立领外延多余的缝份修劈至0.3cm，与嵌条的缝份同宽，见图3-1-18所示修劈领面缝份，接着将滚条与立领面的正面相对压缉滚条，见图3-1-19所示对核嵌条与领面缝份。

图3-1-15 ////////////////////////

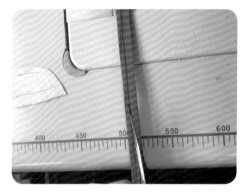

图3-1-16 ////////////////////////

图3-1-13 ////////////////////////

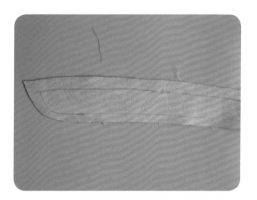

图3-1-17 ////////////////////////

图3-1-14 ////////////////////////

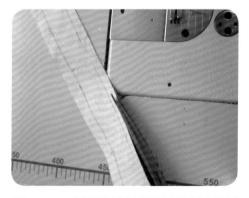

图3-1-18 ////////////////////////

2.2 镶嵌式立领缝制技术

2.2.1 复立领嵌条：将嵌条❶与立领面相对，沿滚条缉线将滚条与立领面压缉在一起，见图3-1-20所示压缉装饰嵌条，注意在立领圆头拐弯处复嵌条时，适当拉紧嵌条，让领面圆角有稍稍的吃势，但嵌条不宜拉得太紧或放得太松，不然影响立领圆角的质量。接着，检查立领与嵌条的吃势，再将立领面与立领里正面相对，见图3-1-21所示复合领面与领里，准备制作立领。

2.2.2 做镶嵌式立领：领面压着领里正面相对，见图3-1-22所示压缉上领面弧线，沿嵌条的内侧线迹压缉缝制线，见图3-1-23所示双股压缉线，要求这条缉线必须在原线迹上或原线迹的内侧缝制，以保证立领翻转时领面正面不露出线迹。

2.2.3 翻转立领：将立领的缝份修劈至0.2～0.3cm，立领圆角的缝份越小，越容易翻转，再用大拇指顶足立领的圆头，见图3-1-24所

图3-1-21 ////////////////////

图3-1-22 ////////////////////

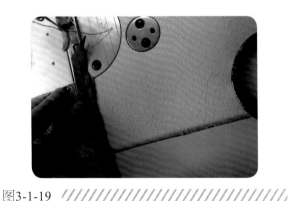

图3-1-19 ////////////////////

图3-1-23 ////////////////////

图3-1-20 ////////////////////

图3-1-24 ////////////////////

---

❶ 嵌条：亦称滚边装饰。在剪接线、领子、袖口布的外围，用斜布条进行的滚边处理。斜布条可用同色或撞色布料，也有用毛线或绳子作衬夹在里面制成嵌线滚边饰带。

示翻转立领圆头，翻转立领。接着，整理立领的圆头和嵌条，见图3-1-25所示整理立领嵌条，修劈领里多余的缝份并整烫立领。

2.3　复领的缝制技术

将立领面的正面与大身领口相合，复查立领弧线与大身领口弧线的大小、位子，见图3-1-26所示复核立领的大小，复领时要求"三眼对齐"即两肩颈点刀眼与一个后中心点刀眼对齐。然后，将领面正面压着大身正面，沿装领缝制净线压缉

1.0cm缝份，见图3-1-27所示压缉领口缝份。

接着，翻转立领，检查复领的质量，见图3-1-28所示复核装领质量，检查装领宽窄、左右有无不对称，有无折裥、起皱等质量问题，然后再将领里的内侧毛边用滚左衽大襟的方法包缝，见图3-1-29所示包滚领里毛缝。

最后，在立领的正面从左至右压缉复领线，见图3-1-30所示固定领里，这条复领缉线常常隐藏在立领与大身的缝迹线之间，见图3-1-31

图3-1-25

图3-1-26

图3-1-27

图3-1-28

图3-1-29

图3-1-30

所示复领缉线，不仔细观察很难发现正面复领缉线的痕迹，也可采用缲针的方法在立领的反面走三角针。镶嵌式立领制作完成后的成品反面效果，见图3-1-32所示镶嵌式立领的展开图和图3-1-33所示镶嵌式立领的俯视效果。

三、组合装饰缝制技术

1. 袖窿与下摆的缝制技术

将左右袖窿多余的缝份修劈至0.5cm，仍然使用0.5cm宽的撞色滚条，压缉0.1cm止口，见图3-1-34所示包滚袖窿弧线，同样，童旗袍下摆的制作方法也是如此，见图3-1-35所示包滚圆弧形裙摆。

压缉下摆圆头滚条的正确方法，先将下摆的正面放入压烫好的撞色滚条内，接着利用缝纫机压脚将它们压住，再一手适当地拉紧撞色滚条，一手轻压大身面料，见图3-1-36所示压缉圆弧形裙下摆。压缉时让撞色滚条与下摆圆头有一定的吃势，这样才能有效保证圆弧下摆的圆顺与平服，见下摆圆头滚边的反面图，见图3-1-37所示的下摆滚条展示图。

2. 侧缝的缝制技术

将前后裙片的左右侧缝正面相对，见图3-1-38所示左右侧缝，从袖窿侧缝开始向下摆沿滚条边压缉1.0cm缝份，上下缝口对齐，见图3-1-39所示对齐侧缝止口，再用蒸汽熨斗将侧缝烫分开缝，见图3-1-40所示分开缝的倒向。

图3-1-31

图3-1-32

图3-1-33

图3-1-34

图3-1-35 ////////////　　　　图3-1-36 ////////////

图3-1-37 ////////////　　　　图3-1-38 ////////////

图3-1-39 ////////////　　　　图3-1-40 ////////////

四、后整理技术

1. 手工制作部分

　　门襟4粒盘花扣，可采用手工制作盘花扣或者市场选购成品盘花扣。缝制盘扣时，左右门襟对齐，放平整，做好钉扣标记，采用同色线沿盘扣的四周固定，尽量隐藏线迹，见图3-1-41所示装饰盘花扣。

2. 成品熨烫技术

　　先整理时尚童旗袍上的污渍、线头，再用蒸汽熨斗盖烫布分别熨烫，要求童旗袍重要部位不起皱，没有极光。

为避免直接熨烫左衽大襟的盘花扣位置，切忌高温熨斗的接触、挤压；在立领上覆盖白烫布从领里开始熨烫，避免出现极光、黄斑、污渍；将袖窿撞色滚条压烫平服，不出现涟漪；其它部位熨烫根据缝份的倒向，在反面将肩缝、左右侧缝烫分开缝，压烫平整，再熨烫下摆部位，见图3-1-42和图3-1-43所示时尚童旗袍的着装效果。

图3-1-41 ////////////////////

图3-1-43 ////////////////

图3-1-42 ////////////////////

一、时尚女童斗篷的款式设计

1. 款式特点

　　时尚女童斗篷的款式特点是童盆领，插肩袖斗篷式女童时尚上衣。衣身结构：外部轮廓造型为"A"型时尚斗篷，门襟为1粒扣左右对格对条，插肩袖圆弧式袖口，前插肩袖部分隐藏于前衣片的分割结构线，后插肩袖完全隐藏于后衣片的分割结构线，见图3-2-1所示时尚女童斗篷的效果图。

2. 时尚女童斗篷的技术特点

2.1　缝制重点与难点

　　时尚女童斗篷是在传统连片式斗篷基础上，结合公主线背心式上衣的结构，采用全夹里精做女装的制作技术，再结合现代结构分割线，其制作重点、难点是插肩袖的制作，双嵌条钮眼的制作以及全夹里上装的制作，见图3-2-2所示时尚女童斗篷的正反款式结构图。

图3-2-1

图3-2-2

2.2 时尚女童斗篷上衣的部件

解构时尚女童斗篷上衣结构,它的部件分别由面料、里料和辅料组成,而面料的部件根据款式设计和面料设计又有直丝缕和斜丝缕之别。面料部分采用直丝缕裁片的有两片前衣大片,一片后衣片,两片褂面,以及制作钮眼布一片,见图3-2-3所示前衣大片直丝缕裁片和图3-2-4所示后衣片直丝缕裁片;采用斜丝缕裁片的有两片前衣小片,两片后衣小片,两片前袖,两片后袖,领面、领里各一片,见图3-2-5所示前袖斜丝缕裁片和图3-2-6所示后衣小片斜丝缕裁片。里料的部件:两片前衣大片,两片前衣小片,一片后衣片,两片后衣小片,两片前袖,两片后袖。辅料的部件:领里衬一片,褂面衬两片,双嵌条钮眼衬一片,直径3.0cm钮扣1粒,以及相应的配色线、尺码、商标等。

2.3 时尚女童斗篷上衣的质量要求

领子质量要求:童盆领左右条格对称,宽窄一致,两角圆顺,有窝势;领面不起泡、不起皱。门襟质量要求:门襟左右条格对称,门里襟平服,下摆不起吊。袖子质量要求:前后袖中拼接对格对条,左右袖子长短与大小对称,袖口止口顺直,无毛脱。整烫质量要求:熨烫时使用白色烫布,熨烫不能出现极光、黄斑,成衣外观整洁。

二、时尚女童斗篷的工艺流程

裁剪做缝制标记——黏衬——做门襟双嵌条钮眼——拼褂面——做门襟——拼接前后袖面、里——做袖弧下摆——装袖并拼接前后公主分割

图3-2-3 ////////////////////////////

图3-2-4 ////////////////////////////

图3-2-5 ////////////////////////////

图3-2-6 ////////////////////////////

线——缝合肩缝——缝合前后里——做领并装
领——缝合前后侧缝——缝合袖窿——复合里襟
双嵌条钮眼——拼接下摆并做三角形手工——钉
扣——手工封口——整烫、包装。

三、时尚女童上衣的细节设计与工艺

1. 双嵌条钮眼的制作技术

钮眼的大小由钮扣形状、质地及面料的质地
来决定，并根据制作方式的不同而定其钮眼的大
小。通常使用锁眼设备或手工制作完成的钮眼，
比钮扣略大0.2cm，面料越厚实，留出的余量应
该越大。双嵌条钮眼常在精做高档服装中使用，
其造型美观、工艺精致。

1.1　黏衬并做缝制标记

裁剪一块长5.0cm×宽4.0cm的钮眼嵌条布，
见图3-2-7所示钮眼嵌条布，在嵌条布和右门襟
反面钮位处分别黏上无纺衬，见图3-2-8所示右
门禁钮位，并做好右门襟和右裼面钮眼的缝制标
记，见图3-2-9所示右裼面钮位。

1.2　做右门襟钮眼

第一步：将右门襟与钮眼嵌条布正面相对，
见图3-2-10所示缉钮位大小，根据钮眼的大小
压缉长3.2cm×宽0.6cm的长方形，从左至右完
成一个闭合缉线，见图3-2-11所示钮眼大小。

接着，在长方形缉线中间剪开，在嵌条两头剪
出0.6cm等腰三角形，见图3-2-12所示剪钮眼，将

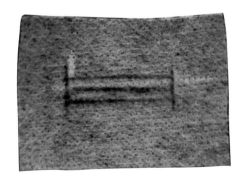

图3-2-7　//////////////////////////////

图3-2-8　//////////////////////////////

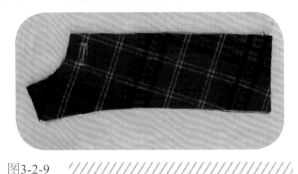

图3-2-9　//////////////////////////////

图3-2-10　//////////////////////////////

图3-2-11　//////////////////////////////

剪好的钮眼翻转扣烫，见图3-2-13所示翻烫钮眼。

第二步：再用熨斗烫出上下钮眼的嵌条，使用镊子在嵌条的反面调整钮眼嵌条的宽窄，见图3-2-14所示整理钮眼嵌条，要求嵌条顺直、宽窄一致，三角剪口处无毛脱、无脱针。

第三步：封钮眼嵌条三角，来回针三次，见图3-2-15所示封嵌条三角，要求紧贴开口处，同时修剪三角处多余的缝份。

最后在右门襟的正面，检查钮眼大小是否大于钮扣，钮眼嵌条有无宽窄、涟漪，封三角止口有无反吐等质量问题，见图3-2-16所示钮眼嵌条。

1.3 复合褂面钮眼

第一步：将褂面钮眼剪成与右门襟钮眼一样的形状、大小，尤其是位置一定要对准确，这样门襟褂面缉好后，上下钮眼位置才能对齐，再将褂面钮眼的0.3cm缝份翻折，附着在门襟钮眼嵌条上，见图3-2-17所示褂面钮眼。接着，做褂面钮眼的暗针，手工暗针制作的方向走势见图3-2-18所示。

图3-2-12 ////////////////////////

图3-2-13 ////////////////////////

图3-2-14 ////////////////////////

图3-2-15 ////////////////////////

图3-2-16 ////////////////////////

图3-2-17 ////////////////////////

第二步：沿着钮眼的大小，从右至左按顺时针方向手工暗针缲一圈。先从褂面开始起针，将线头隐藏在面料夹层中，翻折好褂面钮眼的缝份，同时将褂面与门襟用大头针临时固定，见图3-2-19所示做暗针。缲针最后收尾时，同样需隐藏线头，即将打好的线结头穿过面料的夹层，再剪断缝制线，见图3-2-20所示暗针的藏线。

最后检查褂面钮眼上下翻折的宽窄是否对称，暗针制作是否平整，见图3-2-21所示双嵌条钮眼的反面，接着再检查正面的双嵌条钮眼的工艺质量，要求钮眼外观嵌条宽窄一致，整体平服美观，见图3-2-22所示双嵌条钮眼的正面。

2. 童盆领的制作技术

第一步：将领面的后中拼接并烫分开缝，见图3-2-23所示拼接领面后中线，沿着童盆领净线的标记，用镊子固定并压缩领子的外侧弧线，见图3-2-24所示压缩领面。

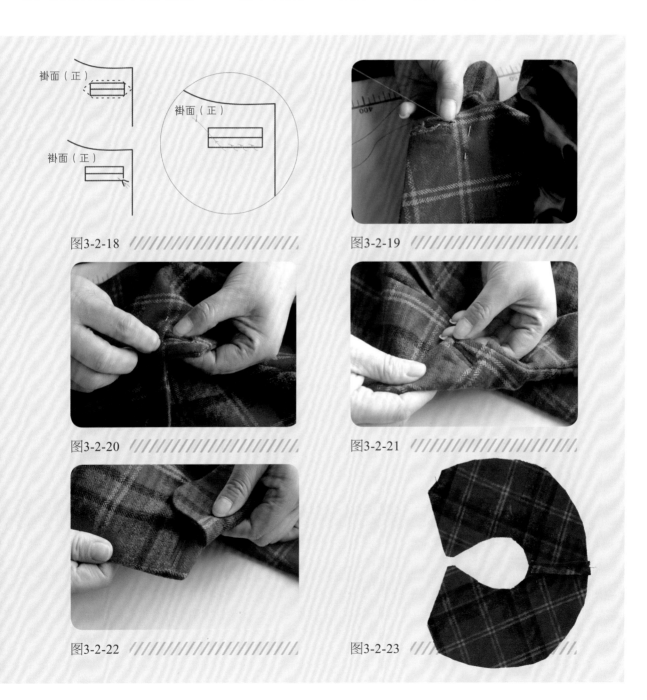

图3-2-18 ///////////////////////////////

图3-2-19 ///////////////////////////////

图3-2-20 ///////////////////////////////

图3-2-21 ///////////////////////////////

图3-2-22 ///////////////////////////////

图3-2-23 ///////////////////////////////

第二步：将剪刀端平放稳搁在台面上，沿缝迹线修劈领子多余的缝份至0.3cm，见图3-2-25所示修劈缝份，将大拇指顶置圆领角缝迹线并翻转领角，见图3-2-26所示翻转手势。

第三步：用大拇指顶转童盆领的圆角，利用手指的弧度翻转领角，可以使得圆角弧度更加圆润，见图3-2-27所示翻转圆领角。接着双手捏住缝份，调整圆领角的弧度，见图3-2-28所示调整圆头。

最后，在童盆领的正面止口边缘碾压止口，见图3-2-29所示碾压领子止口，防止童盆领止口的反吐，童盆领完成，图3-2-30所示为童盆领俯视图。

3. 对格对条的缝制技术

对格对条是服装工艺制作中难度较大的工序之一，也是衡量成品质量优劣的重要指标。这款童盆领插肩袖斗篷式女童时尚上衣对格对条的重要部位是左右门襟、前后袖片两大部分，下面案例分别示范了直丝缕和斜丝缕的对格对条。

图3-2-24 /////////////////////////////////

图3-2-25 /////////////////////////////////

图3-2-26 /////////////////////////////////

图3-2-27 /////////////////////////////////

图3-2-28 /////////////////////////////////

图3-2-29 /////////////////////////////////

3.1　门襟直丝缕的对格对条技术

要求门襟面的左右纵向、横向的条格要一致，针对有纬斜的条格可以通过熨烫归拔调整格子的大小，见门襟直丝缕裁片的对格对条，见图3-2-31所示裁片直丝缕对格对条。然后，用镊子工具复合褂面与前片里料，注意里料下摆与门襟下摆的对位，以及两者之间的吃势，见图3-2-32所示复合里料与褂面。

接着，前大衣片与褂面正面相对，压缉1.0cm缝份，见图3-2-33所示复合门襟止口，要求门襟

顺直，条格对称，见图3-2-34所示门襟对格对条。

3.2　袖片斜丝缕的对格对条技术

前后袖片采用45°斜料，先检查和归拔前后袖片的条格，使前后袖片平服、分割线条格对齐，见图3-2-35所示归拔前袖斜丝缕裁片，然后拼接前后袖中的分割线，由肩颈点开始向袖子下摆压缉1.0cm缝份，右手拿镊子左手分压两片缝份，一边缉线一边检查条格，见图3-2-36所示拼接前后袖中条格。

图3-2-30

图3-2-31

图3-2-32

图3-2-33

图3-2-34

图3-2-35

由于使用斜料，其缝份边缘容易拉伸、变形，拼接前后袖中缝时注意轻轻推送面料，使袖片中缝的斜条格对齐呈"人"字型图案，见图3-2-37所示"人"字型条格图案，并烫分开缝，制作完成后的成品插肩袖见图3-2-38所示。

4. 整装的缝制技术

4.1 做袖与复袖

第一步：将缝制线迹和压力调整到适合位子，即在缝制中不出现较明显的褶皱。使用镊子拼接压缉前后袖里中缝1.0cm，见图3-2-39所示压缉袖里，接着袖面与袖里正面相对，袖面在上袖里在下，袖里有一定的吃势，从后袖口至前袖的装袖止口位，压缉1.0cm缝份，见图3-2-40所示复合圆弧袖口。

第二步：留出前袖片装袖的1.0cm缝份，修劈圆弧袖口多余的缝份至0.3cm，同样缝份越小越容易翻转，且翻转的弧线越圆顺，见图3-2-41所示修劈袖下摆缝份。接着袖口缝份倒向袖里，

图3-2-36

图3-2-37

图3-2-38

图3-2-39

图3-2-40

图3-2-41

同时压住袖面与袖里的缝份，在袖口里正面上压缝0.1cm止口，见图3-2-42所示圆弧袖口，这种压缝方式称暗勾。

　　第三步：固定前袖面与袖里压缝0.8cm缝份，见图3-2-43所示固定前袖面与里，再固定插肩袖袖口、后袖的袖面与袖里压缝0.8cm缝份，见图3-2-44所示固定插肩袖袖领口面与里。

　　第四步：从领口至公主线分割的装袖定位处，将前袖嵌入大身与前衣小片固定，见图3-2-45所示

复前袖与前衣小片，再与前衣大片固定，完成前片袖子的复合，见图3-2-46所示复前袖与前衣大片，也可大小前衣片与前袖片多层一把压缝1.0cm缝份。

　　同上方法，将后袖嵌入后公主线分割处，多层一起压缝1.0cm缝份，见图3-2-47所示复合后袖与后衣片，尤其注意前袖与公主线的衔接处，要求拼接处平服、顺畅，做足缝份，不出现毛脱、露缝等质量问题，见图3-2-48所示连片式插肩袖。

　　复袖完成后半成品服装插肩袖的前后展示

图3-2-42 ////////////////////

图3-2-43 ////////////////////

图3-2-44 ////////////////////

图3-2-45 ////////////////////

图3-2-46 ////////////////////

图3-2-47 ////////////////////

图，见图3-2-49所示前插肩袖图，图3-2-50所示前插肩袖细节和图3-2-51所示后插肩袖。

4.2 复领技术

先将领子的领面正面与大身里正面相对，压缉时注意装领的"三眼"对齐，见图3-2-52所示装领对位，顺着领口弧线压缉1.0cm缝份，见图3-2-53所示压缉领口弧线。接着再将大身正面与领里正面相对压缉领口弧线，完成童盆领的复

领技术，见图3-2-54所示复合童盆领。

四、手工制作技术

1. 手工三角针的制作技术

将下摆面和里正面相对，里料在上，面料在下，起始缉线从右褡面至左褡面压缉1.0cm缝份，见图3-2-55所示复合下摆面里，接着，根据贴边

图3-2-48 ////////////////////////

图3-2-49 ////////////////////////

图3-2-50 ////////////////////////

图3-2-51 ////////////////////////

图3-2-52 ////////////////////////

图3-2-53 ////////////////////////

❶ 三角针：手针工艺之一，固定底边的针法，线迹倾斜交叉呈"X"状，起针从折边内暗藏线结进针，然后斜向左下方出针，再斜向回到右上方进针，循环往复，其形均称美观，平整不纵。

烫痕用三角针❶将贴边固定在大身，手工缲针线迹密度为2 ～ 3针/3.0cm，见图3-2-56所示三角针固定下摆贴边。

2. 封口锁针制作技术

褛面与里料下摆收口处毛缝的封口处理：可采用翻烫扣折褛面缝份，也可采用手工锁针❶方式。手工锁针封口的步骤是：先用左手固定封口处，见图3-2-57所示封口起针，用双股线起针，再逆时针绕线一圈，离开前一针0.1cm处起针，见图3-2-58所示锁针绕线。

然后，右手拉紧缝线，在毛缝封口处轻轻收紧，见图3-2-59所示收紧缝线，再逆时针绕线一圈，离开前一针0.1cm处起第二针，见图3-2-60所示锁针第二针，依次类推，完成所有褛面封口毛缝的封口。

图3-2-54 ////////////////////////

图3-2-55 ////////////////////////

图3-2-56 ////////////////////////

图3-2-57 ////////////////////////

图3-2-58 ////////////////////////

图3-2-59 ////////////////////////

❶　锁针：也是手针工艺之一，为使毛边不散乱而用手针环绕布端循序渐进的针法，多用于锁扣眼、帘边止口等处。

接着，将完成锁针的缝线打结、收针，起针穿过面料，见图3-2-61所示暗藏线头，再紧紧收缩缝线，沿线头根部断开，见图3-2-62所示剪线头，这样在成衣的正面就看不到锁针封口的线头。

3. 暗针技术处理

将打结的线头藏入缝制的夹层中，见图3-2-63所示藏缝线结，从面料起针与里料折缝0.1cm处走针，见图3-2-64所示起暗针❶，尽可能地沿里料折边的边缘起针，然后再从里料向面料起针，完成一个周期的暗针，见图3-2-65所示暗针走势，这种暗针固定具有较强的隐蔽性，在成品的正面较难发现其线迹和线头。

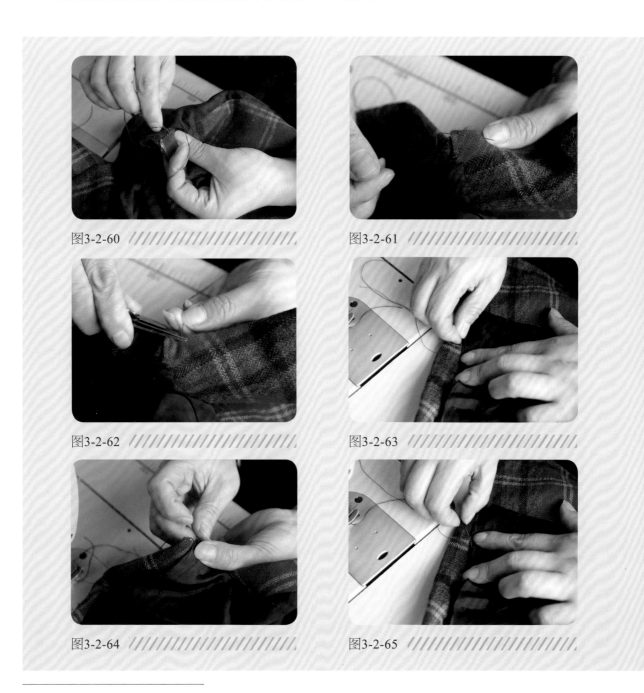

图3-2-60 ////////////////////

图3-2-61 ////////////////////

图3-2-62 ////////////////////

图3-2-63 ////////////////////

图3-2-64 ////////////////////

图3-2-65 ////////////////////

❶ 暗针：固定折边的手缝针法，以极小针挑取表布的同时，也缲住折边，缝迹成斜形，因缝迹在正面不显露而得名。

4. 钉扣技术处理

先用双股线末端打结，将手工针穿过扣眼，见图3-2-66所示暗藏钉扣线结，再穿过双股线的打结处，左手捏住钮扣的扣面，右手收紧钉扣的缝线至钮眼顶端，将线结藏于钮脚下，见图3-2-67所示收紧缝线。

做好上述的准备工作后，将钮扣置于左片钉位处，见图3-2-68所示钉钮扣，穿过里襟来回三次固定，绕脚后打结收线，见图3-2-69所示收线打结。

同样将收线后的手工针穿过面料夹层3.0cm左右，见图3-2-70所示暗藏缝线，再抽线紧紧收缩缝线，沿线头根部剪断缝线，见图3-2-71所示

图3-2-66 ///////////////////

图3-2-67 ///////////////////

图3-2-68 ///////////////////

图3-2-69 ///////////////////

图3-2-70 ///////////////////

图3-2-71 ///////////////////

整理线头，这样既藏好线头又美观整洁。

五、后整理技术

成品熨烫技术:先整理插肩袖斗篷式女童时尚上衣的线头、污渍，再用蒸汽熨斗盖烫布分别熨烫，要求公主分割线、插肩袖拼接处、袖口、下摆等重要部位不起皱，没有极光，止口没有反吐。

切忌高温熨斗接触、挤压门襟的钮扣，为避免直接熨烫，在童装的正面覆盖白烫布熨烫，成品避免出现极光、黄斑、污渍等质量问题；袖口弧线、领子弧线压烫平服，不出现止口反吐、不规则波浪；其他部位熨烫根据缝份的倒向，压平烫整。插肩袖斗篷式女童时尚上衣成品的正面和背面图，见图3-2-72和图3-2-73所示。

图3-2-72 //

图3-2-73 //

　　自古以来，人们的爱美之心就驱使着我们对这层保护人体的服装进行五花八门的改变和修饰。由于各个时期工艺技术和服装本身的结构所限，不可能对服装的本体做大的变化，但不断变化的审美文化和社会结构导致的阶级分类需求，又决定必须以服装来区分个体，这个时候，装饰细节的设计与运用对服装的整体设计风格产生了微妙而具有决定性的影响。

　　随着社会的发展，人们对童装的要求也在不断提升，求变求新的心理使人们不断地渴望着突破。从童装设计的角度出发，单纯地造型、款式变化已不能满足人们个性化的需求了。童装设计受面料的质地、手感、色彩等多方面的限制，得体且适合设计理想的材质，以及细节部分的处理是设计成功的关键。即使款式类同，不同的童装在细节处理上，其结果展现在人们面前的效果也不一样。反之，仅仅只有设计创意的概念，但在装饰与细节处理上不够精致，这可能会影响整套童装的设计效果，甚至会直接影响产品的销售。

　　于是，各种不同的童装通过不同的设计理念加上装饰细节的完美处理体现其不同的设计风格，追求童装装饰细节的创新，更大限度满足了儿童的生理需求和心理需求，装饰细节的变化与创新为童装设计的发展注入了新的生命力。童装设计通过"绣、捏、缝、拼、钩、织、镶"以及颠覆常规的重组和再造等多种装饰细节处理手法，可以创造出无穷无尽的服饰变化，即使研究其中的一种方法也可以从中看出环境和历史背景对童装设计流行的巨大影响力。因此，灵活运用各种不同的、独特的装饰设计元素和风格倾向，使之在设计师独特的思维中展现童装的个性化，在童装服饰设计中起到画龙点睛的作用，成为其品牌服饰文化、品质消费的重要标志之一。

第四章
时尚童装的装饰细节工艺

褶皱设计是使用外力对面料进行抽褶、打皱或局部进行挤压、拧转等定性处理，改变面料的表面肌理形态，使其产生由平面到立体、光滑到粗糙的转变，有强烈的触摸感觉和视觉冲击，常用的褶皱分为规则褶皱和不规则褶皱两大类。

一、不规则的褶皱工艺

1. 自由碎褶❶的制作工艺

将缝纫机压脚调整至最大线迹，左手顶住压脚压缉0.8cm缝份，见图4-1-1所示的抽碎褶，接着抽拉其中一根缝线，调整碎褶的褶皱量，要求均匀、自然，见图4-1-2所示均匀调整的碎褶，再用镊子将调整好的碎褶与面料固定，见图4-1-3所示固定碎褶，完成自由碎褶的缝制，这种抽褶方式常在童装的裙摆、泡泡袖中使用。

2. 局部不规则碎褶的制作工艺

不规则碎褶是在抽褶过程中自然的、不对称、局部使用，常在童装某些局部需要的部位设计不规则碎褶来重点增加童装的趣味性、活泼性，如胸口、袖口、腰节等部位，只是缝制的线迹有直线、曲线和不规则之别，其制作手法和工艺同上。

图4-1-1 ///////////////////////////

图4-1-2 ///////////////////////////

图4-1-3 ///////////////////////////

---

❶ 褶：亦称裥，在面料上经折叠缝制形成的皱纹。它与省缝的不同之处：褶的一端缝死，一端散开，用熨斗烫倒。碎褶是褶的形式之一，只需用线将布料抽拢成细密的皱褶即可。

二、有规律的褶裥工艺

1. 正反"工"字裥制作工艺

根据褶裥的大小对合裥量标记,见图4-1-4所示做"工"字裥,将面料正面相对压缉裥长为5.0cm,见图4-1-5所示"工"字裥的大小,也可根据"工"字裥的大小随意调节其长度,压缉的"工"字裥可以是上下同宽的平行线,也可以是上窄下宽或上宽下窄的梯形。

整理并展开压缉好的褶裥,见图4-1-6所示"工"字裥的成形图,将褶裥的中心对准缝迹线压缉0.8cm缝份,将"工"字裥的褶裥量左右均匀地固定在缝份上,见图4-1-7所示固定"工"字裥,这种褶裥朝上的制作方式称之为正"工"字裥,反之图中的反面,其褶裥隐藏于内的制作方式则称之为反"工"字裥,在服装专业术语中也称之为阴阳褶裥。

2. 侧向褶裥制作工艺

根据褶裥的大小标记对褶裥量,左右手轻轻置于缝纫机压脚两侧,在面料的反面沿净线压缉出0.5cm的褶裥量,见图4-1-8所示缝制褶裥,再翻转面料,将褶裥倒向一侧,用撞色红线在面料的正面沿缝迹线压缉0.1cm止口,见图4-1-9

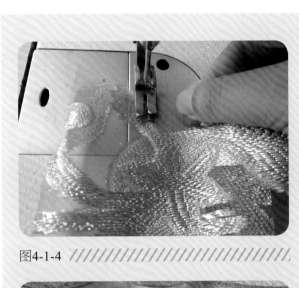

图4-1-4

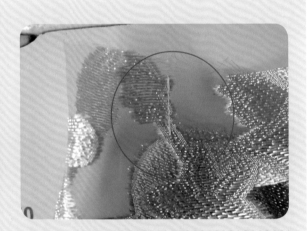

图4-1-5

图4-1-6

图4-1-7

所示压缉褶裥单止口。

接着在褶裥顶端止口处来回三次封口，形成套结装饰线，见图4-1-10所示的封口撞色套结，依次反复多次，在"A"型牛仔裙上形成多条带褶裥的装饰缉线，见图4-1-11所示的装饰缉线与褶裥。深蓝色牛仔布的色泽相对沉闷，颜色也单一，通过撞色缉线、撞色套结和白色花边等这些小小的装饰和设计，改变原有单一、硬挺的牛仔布色调，让牛仔面料更加适合在童装中使用。

三、泡泡袖木耳边的制作工艺

1. 带木耳边的泡泡短袖制作工艺

第一步：抽碎褶。先将袖山中点两侧多余的褶裥量收抽成碎褶，从收裥标记位的一端开始压缉0.8cm缝份，见图4-1-12所示的泡泡袖碎褶定位，再将缝制线迹调至最大档位，上下线迹调至泡线状态，左手顶住缝纫机压脚的一端，右手随

图4-1-8 ///////////////////////////

图4-1-9 ///////////////////////////

图4-1-10 ///////////////////////////

图4-1-11 ///////////////////////////

着机器轻轻将布料送入压脚，见图4-1-13所示抽泡泡袖的碎褶。

第二步：调整碎褶。轻轻抽取其中一根缝制底线，见图4-1-14所示抽拉收缩缝制线，将多余的褶裥量收缩，使袖山弧线与大身袖窿弧线相吻合，然后调整袖山头的碎裥，使其均匀地分布在袖山中点的两侧，见图4-1-15所示调整泡泡袖的碎褶量。

第三步：卷袖口贴边。针对圆弧形袖口，先

压缉0.5cm缝份，见图4-1-16所示压缉袖口，通过一定量的缝率，可以减轻卷边的难度，再接着三卷袖口缝份1.0cm，见图4-1-17所示三卷压缉袖口的贴边。

第四步：做袖口木耳边。将袖口贴边三卷后压缉0.1cm止口，见图4-1-18所示袖口三卷边，卷边平服，无波浪、无褶皱。接着选取0.6cm宽的牛筋袖口断长，将牛筋离开袖口止口2.5cm处固定，见图4-1-19所示固定牛筋位。

图4-1-12

图4-1-13

图4-1-14

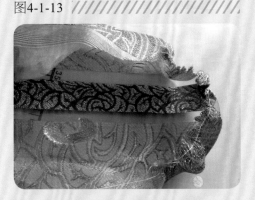

图4-1-15

图4-1-16

图4-1-17

接着，左手拉紧牛筋，右手用镊子将牛筋和面料一起推送跟着缝纫机压脚前行，见图4-1-20所示压缉袖口牛筋，随着牛筋的吃势形成自然的、均匀的碎褶，见图4-1-21所示袖口牛筋自然收缩的碎褶。

牛筋从袖侧的一端拉至另一端，其拉伸度要一致、充分，见图4-1-22所示拉伸袖口牛筋。如果牛筋拉伸时一会紧一会松，拉力不均，则会影响木耳边的碎褶波浪，见图4-1-23木耳边的碎褶波浪。

第五步：复合泡泡短袖。在完成前期制作工序的基础上，先将袖山弧线与大身的袖窿弧线复合压缉1.0cm缝份，大身在上袖子在下拷边，缝份倒向袖窿，接着袖侧缝和大身侧缝一起拼接，完成泡泡短袖的装袖工序，见图4-1-24所示泡泡短袖的局部示意图和图4-1-25所示着装泡泡短袖的示意图。

2. 木耳边泡泡长袖制作工艺

木耳边泡泡长袖制作的工序和技术与短袖相

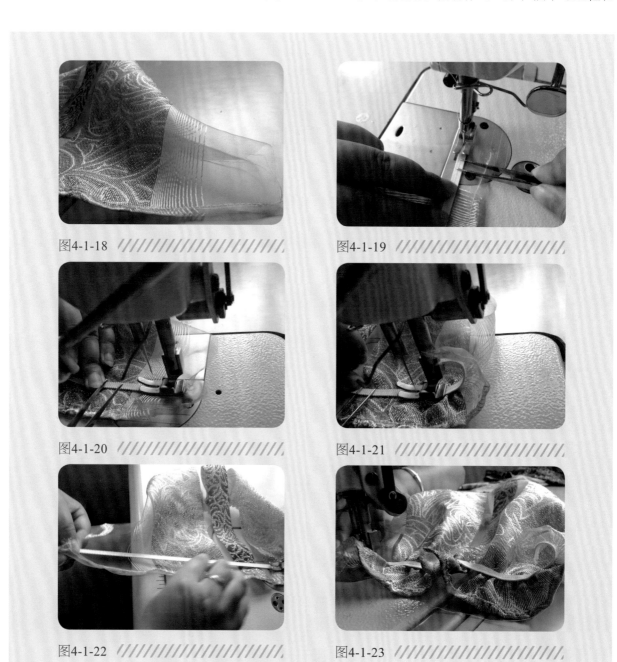

图4-1-18

图4-1-19

图4-1-20

图4-1-21

图4-1-22

图4-1-23

图4-1-24 //////////////////////////////

图4-1-25 //////////////////////////////

似，用同样的方法和手势将袖山多余的褶裥量抽成碎褶，见图4-1-26所示抽袖山的碎褶，三卷袖口贴边0.5cm并压缉0.1cm止口，接着均匀拉伸袖口牛筋，离开袖口止口2.0cm处，从牛筋的中心压缉，见图4-1-27所示做袖口。

然后，前后袖侧正面相对，沿袖侧缝标记压缉1.0cm缝份，见图4-1-28所示复合前后袖子的侧缝，同样前后大身侧缝正面相对，压缉1.0cm缝份，分别拷边后将大身的袖窿弧线和袖子的袖山弧线筒状压缉1.0cm缝份，见图4-1-29所示筒

装袖子的示意图。

完成前期的制作工序后，大身在上袖子在下一起拷边，缝份倒向袖窿。见图4-1-30所示木耳边袖口的俯视图和图4-1-31所示成衣着装的局部细节图。

这节示范操作了两种不同的装袖、复袖方法和技巧，制作的流程简单、工序简洁，在童装和休闲类服装中运用的比较普遍，见图4-1-32所示女童长袖衬衫的效果图和图4-1-33所示成衣泡泡袖正面着装展示、图4-1-34所示成衣侧面泡泡袖的展示。

图4-1-26 //////////////////////////

图4-1-27 //////////////////////////

图4-1-28

图4-1-29

图4-1-30

图4-1-31

图4-1-32

图4-1-33

图4-1-34

第二节 | 拼接与组合制作技术

一、分割拼接与镶嵌制作技术

分割拼接❶、镶嵌、滚边等制作技术，既美观又节约材料，在现代童装的结构造型、装饰设计中使用较为普遍，它通过纵横向、规则与不规则、多变的分割线与装饰花边、蕾丝、嵌条等相结合，极大地丰富了童装结构、造型的设计语言。

1. 纵向分割拼接与镶嵌制作工艺

前片分割拼接与镶嵌技术：用镊子将装饰花边的反面与面料的正面相对，见图4-2-1所示装饰花边的放置，根据花边的宽窄、造型，将花边离开分割线0.5cm处压缉花边0.2cm止口，见图4-2-2所示装饰花边与纵向分割线的拼接缉线。

再将分割的另一裁片正面与图4-2-2中的裁片正面相对压缉1.0cm缝份，见图4-2-3所示压缉纵向分割缉线，接着在正面沿拼接缝压缉0.1cm单止口，见图4-2-4所示分割线正面的单止口缉线。

门襟分割拼接与镶嵌技术：按门襟2.0cm宽度的净样板，扣烫门襟两边的毛缝1.0cm，先将门襟的正面与大身的反面相对压缉1.0cm，翻烫门襟止口，将装饰花边和门襟一起压缉0.1cm单止口，见图4-2-5所示的门襟缉线，以及图4-2-6所示的童衬衫分割拼接与镶嵌展示俯视图。

图4-2-1 ///////////////

图4-2-2 ///////////////

图4-2-3 ///////////////

---

❶ 拼接：缝制用语，衣片或附件尺寸不够时采用的拼合缝制工艺，增加长度为"接"，增加宽度为"拼"。

2. 横向分割拼接制作工艺

　　将两片横向分割的裁片正面相对，压缉1.0cm缝份，见图4-2-7所示横向分割拼接，小片在上大片在下拷边，缝份倒向大身，在正面压缉0.1cm单止口，见图4-2-8所示拼接的单止口缉线。拷边线正反的选择是由缝份的倒向来决定，在裁片反面分割拼接的缝份其拷边线必须是正面。

3. 综合分割装饰制作工艺

　　分割装饰线与裤子侧开片、口袋拉链、斜插袋等结构分割线相结合，见图4-2-9所示的前裤片结构分割线。根据裤子结构分割线的设计，在裤子的侧片进行开片分割，见图4-2-9所示的前裤片裁片；另将侧拼接裁片上下断开，留出1.0cm缝份安装拉链，见图4-2-10所示的口袋、装饰拉链裁片图。

图4-2-4 ////////////////

图4-2-5 ////////////////

图4-2-6 ////////////////

图4-2-7 ////////////////

图4-2-8 ////////////////

图4-2-9 ////////////////

口袋拉链的分割装饰缉线：将裁片直接拷边，并扣烫1.0cm缝份，将裁片分割的正面压住拉链齿布边，分别压缉间隔0.3cm的撞色缉线三条，见图4-2-11所示口袋、侧缝的分割装饰缉线。

斜插袋拼色分割装饰缉线：袋垫布使用色织格子布，口袋贴边直接三卷压缉2.0cm，接着将口袋与袋垫布固定压缉0.5cm缝份，见图4-2-12所示撞色斜插袋分割缉线。

图4-2-13 ////////////////////////

图4-2-14 ////////////////////////

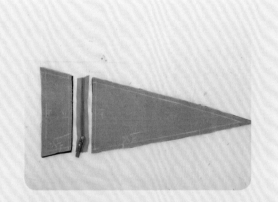

图4-2-10 ////////////////////////

图4-2-11 ////////////////////////

图4-2-12 ////////////////////////

裤子脚口拼色缉线：先将脚口与撞色贴布正面相对拼接压缉，再拼接内外侧缝，见图4-2-13所示的侧缝压缉1.0cm缝份，接着拼接裤子分割线，见图4-2-14所示裤子侧开片分割线的拼接。

二、拉链的缝制工艺

拉链（zipper）由拉头、链牙、布带组成，依靠拉头夹持两侧排列链牙，使物品并合或分离的连接件。根据拉链的材质有金属拉链、尼龙拉链、树脂拉链，按其功能有单开自锁、双开自锁、隐形拉链等之别，按规格有3#、5#、10#……，拉链牙齿的大小与规格成正比，它是各类服饰中兼具实用功能和装饰功能的重要组件之一。

1. 隐形拉链的制作技巧

安装隐形拉链需使用半压脚来完成。先将缝纫机压脚换成右侧单边压脚，左侧拉链布的正面与面料正面相对，压脚顶住隐形拉链的齿牙压缉止口，见图4-2-15所示的缝纫机单边压脚，接着充分发挥手指和镊子的功能，将隐形拉链的齿牙瓣足，能让单边压脚紧贴齿牙边缘，见图4-2-16单边压脚的压缉。

然后，拉动拉链头闭合左右拉链，用划粉标出后衣片隐形拉链左右的止口处，见图4-2-17所示左右衣片门襟的定位，其目的是为了保证复合另一片拉链时，左右门襟止口一致，没有上下错位。同样，将另一片右拉链布的正面与面料正面相对，需使用镊子和手指瓣足隐形拉链的齿牙，半边压脚沿齿牙边缘压缉止口，见图4-2-18所示的复合隐形拉链。

压缉结束后，先拉动拉链头闭合拉链，检查隐形拉链上下闭合封口的工艺质量，见图4-2-19所示拉链布顶端止口的工艺技巧，再仔细检查隐形拉链左右分割线的装领、腰节处是否对称，见图4-2-20所示隐形拉链制作的完成图。

图4-2-15 ///////////////////////

图4-2-16 ///////////////////////

图4-2-17 ///////////////////////

图4-2-18 ///////////////////////

图4-2-19 ///////////////////////

图4-2-20 ///////////////////////

2.露齿拉链的缝制技巧

童装上露齿拉链的设计除了闭合的使用功能外，还可通过拉链布的颜色、拉链齿的变化为童装设计添色增彩，具有一举多得之功效。

2.1 裤子口袋露齿拉链的制作技巧

先选择合适裤子口袋的拉链，将开片的裤子口袋拷边并扣烫1.0cm缝份，离开拉链齿一压脚位子压缉0.1cm止口，见图4-2-21所示压缉露齿拉链的单止口，同样也将另一片裤子口袋边拷边扣烫1.0cm缝份，压缉拉链布的另一侧，并在裤子口袋止口处压缉多条装饰线，见图4-2-22所示的口袋装饰缉线。

接着，将拉链左右布边放端正与裤子分割片一侧固定，见图4-2-23所示固定的拉链开口，同样将口袋露齿拉链的另一边与裤子裁片缝合完成拼接，见图4-2-24所示复合左右裤片的分割线。

在裤子的正面根据装饰缉线的设计，完成裤子分割线撞色装饰缉线的缝制，见图4-2-25所示的裤子侧缝撞色缉线。

2.2 门襟露齿拉链的制作技巧

先将后中开片分别拷边，缝合后中至装拉链止口处，烫后中缝份的分开缝，在装拉链止口处剪1.0cm的三角形剪口，见图4-2-26所示露齿三角形的剪势和大小。然后，将后中门襟一侧的正

图4-2-22 ////////////////////////////

图4-2-23 ////////////////////////////

图4-2-24 ////////////////////////////

图4-2-21 ////////////////////////////

图4-2-25 ////////////////////////////

面与拉链布正面相对压缉，见图4-2-27所示的固定门襟拉链，用同样方法压缉后中门襟的另一侧。

接着，在裙子的反面封拉链止口处的三角形，来回压缉三次，见图4-2-28所示拉链止口的三角形封口，完成后检查三角形封口是否有毛脱、开口

等质量问题，调整拉链布左右露齿的宽度，再沿拉链的四周压缉0.1cm止口，见图4-2-29所示的露齿拉链"U"形止口，并在拉链止口压缉三角形封结❶，见图4-2-30所示露齿拉链正面的三角形封口以及图4-2-31拉链反面端口的细节。

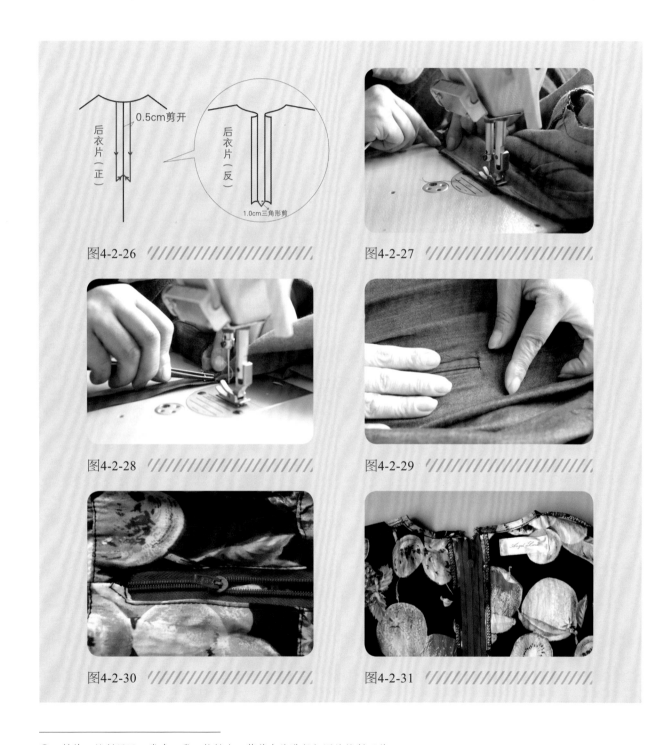

图4-2-26 ///////////////////////

图4-2-27 ///////////////////////

图4-2-28 ///////////////////////

图4-2-29 ///////////////////////

图4-2-30 ///////////////////////

图4-2-31 ///////////////////////

---

❶ 封结：缝制用语，常在口袋、拉链止口等着力处进行加固的缝制工艺。

也可采用另一种直接压缉的缝制方法：先将后中拼接至拉链开口处后，烫后中拼缝的分开缝，在装拉链止口处剪1.0cm的三角形剪口，见图4-2-26所示将门襟贴边的剪口扣烫平整成"U"形，再将拉链置于剪口的下端，后门襟的正面与拉链正面相对，沿扣烫边缘与拉链一起压缉0.1cm止口，见图4-2-32所示。

这款牛仔"A"型裙利用撞色拉链与褶裥撞色缉线相呼应，再适当在领子的边缘增添白色装饰花边，打破了牛仔面料硬朗、挺括的质感，增强了女童连衣裙的活泼和俏丽，见图4-2-33所示成衣着装的撞色拉链，以及图4-2-34所示"A"型牛仔裙的设计效果图。

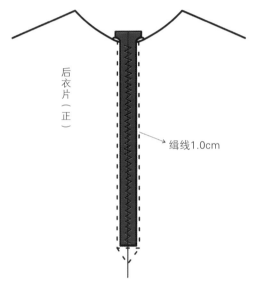

图4-2-32

图4-2-33

图4-2-34

135

第三节 | 多样化装饰工艺与制作技巧

现代童装设计的变化与突破，很大程度上得益于丰富多彩的装饰细节的创造与处理，装饰细节的每一次变动出新必然牵动着潮流的时尚走向，进而创造出绚丽多姿的童装服饰，是实现童装设计多元化的重要途径，是影响童装艺术性、实用性、经济性、流行性的关键。

一、蕾丝、贴绣等装饰工艺

1. 装饰花边的制作技术

可选购适合的装饰花边❶，在款式、材料简洁的童装上作点缀和装饰。本款童装为格子布无领、无袖、前门襟系带式连衣裙，造型简单，因此在设计制作时在领口适当增加花边做装饰。先将花边的前端按花型修剪整齐，沿领口弧线放置装饰花边，见图4-3-1所示的装饰花边，再沿装饰花边的中心压缉固定即可，见图4-3-2所示的压缉装饰花边。

装饰花边与褶裥组合装饰工艺，在童裙的门襟处既有多条侧向褶裥，又有白色花边镶嵌做装饰，褶裥的制作方法同前章节的"侧向折裥制作工艺"，见图4-3-3所示的装饰细节和图4-3-4所示的成品展示。

2. 贴布装饰纹样的制作技术

将成品装饰贴花先固定于裤片的装饰位，

图4-3-1 //////////////////////

图4-3-2 //////////////////////

图4-3-3 //////////////////////

❶ 花边：用编织或刺绣方法制成的各种花样的带子。花边具有优美、编织细腻的风格，在服装设计上具有较好的装饰效果。

一手扶住装饰贴花,一手轻扶裤片,见图4-3-5所示装饰贴花定位,接着沿贴花的四周顺势压缉,完成成品贴花的缝制,注意裤片在缝制中的缝率,避免裤片起褶皱、起涟漪,见图4-3-6所示装饰贴花。

二、多种装饰元素的综合运用

任何设计风格的塑造都离不了装饰的依托,注意童装的细节变化则是调节设计风格紧跟时尚流行的捷径。时装的创意与装饰的组合再造紧密相关,设计构思与设计能力通过它而呈现出时装不朽的光彩。随着近现代工业、纺织业的兴起,服装装饰材料的数量、性能、花色、品种和形式日益丰富,综合装饰元素的运用作为美的表现形式日益显现。

1. 材料装饰变化元素

在传统色织格子面料上印花、压缉花边形成正反不同的面料纹饰,见图4-3-7和图4-3-8所示格子装饰花边的正反面效果,它通过装饰花边在格子面料上压缉有规律的图案来改变原材料的外观肌理,呈现正反不同材料的再造效果。有的在传统格子面料上加印花卉来改变材料的纹饰,见图4-3-9和图4-3-10所示格子印花面料的正反对比图。

2. 制作工艺变化元素

通过褶裥、花边、缉线等多种制作工艺的变化和组合来丰富童装的设计装饰语言,见图4-3-11所示花边与褶裥的组合装饰和图4-3-12所示贴布与装饰缉线的装饰组合。

图4-3-4

图4-3-5

图4-3-6

图4-3-7

3. 扎染、蜡染等传统工艺元素

扎染、蜡染等是我国传统的手工染色技法，具有千百年的文化积淀。先将成品根据设计的需要走针，抽扎纹饰，使结扎部分的布料受到不同程度的挤压而不能上染或少上染，见图4-3-13所示手工抽扎，再将完成的半成品放入染缸进行加温染色，见图4-3-14所示的扎染条，通过染色后晾干或烘干，去除扎染线段就

呈现自然间隔的染色效果，出现深浅浓淡的变化及自然天成的各种扎结肌理，见图4-3-15所示的扎染衬衫。

也有部分成品服装尤其是牛仔面料的服装，经过洗前加工、水洗加工及洗后加工等后整理方式增加服装的设计感。常见的猫须加工：在腿部、膝盖等自然弯曲部位产生一条条须状纹饰，形似猫的胡须而称之为"猫须"，还有采用人工或机械对服装局部进行破损，产生自然、折旧的效果，

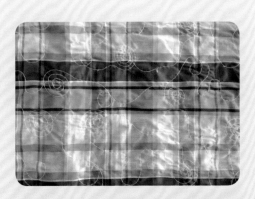

图4-3-8

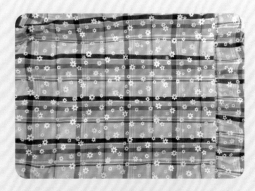

图4-3-9

图4-3-10

图4-3-11

图4-3-12

图4-3-13

还有采用手擦、喷砂等方法后整理，使其产生不规则、渐变的立体纹饰，见图4-3-16所示的水洗石磨与图4-3-17所示的水洗车间。

三、立体装饰花卉的制作工艺与技巧

1. 制作前准备

首先，准备粉红色、蓝色的色丁布或有光泽的化纤面料，多层折叠面料，用夹子固定左右两端，见图4-3-18所示折叠固定多层面料，接着将花瓣的样版用大头针固定，见图4-3-19所示固定裁剪的花瓣和图4-3-20所示花瓣固定的俯视图。

然后，左手按住花瓣样版，右手用剪刀沿花瓣样版修剪所需的花瓣，见图4-3-21所示裁剪花瓣。裁剪时尽可能地沿样版修劈，使得每一片花瓣能保持相同的轮廓造型，见图4-3-22所示各色花瓣。

图4-3-14

图4-3-15

图4-3-16

图4-3-17

图4-3-18

图4-3-19

2. 立体月季花卉的制作步骤

第一步操作：制作花瓣。捏住花瓣固定的一端，将火靠近花瓣边缘走一圈，等熔化的胶冷却，可防止花瓣边缘毛脱，见图4-3-23和图4-3-24所示烤花瓣边缘。再利用化纤材料耐热低的特性，通过高温使花瓣形成自然的弯曲弧度，见图4-3-25所示花瓣成形图。

第二步操作：制作花心。用胶水将两片花瓣的底端旋转捏合在一起，见图4-3-26所示黏合花瓣顶端，接着调整花心的花瓣大小，旋转和捏紧花心的顶端，见图4-3-27所示两片叶月季花花心和图4-3-28所示月季花花心的侧视图。

第三步操作：制作三层花瓣。第二层的花瓣是由三片花瓣组成，在花瓣侧面涂上黏胶，见图4-3-29所示黏胶位子，接着将三片花瓣依次黏合，

图4-3-20

图4-3-21

图4-3-22

图4-3-23

图4-3-24

图4-3-25

见图4-3-30所示黏合三片花瓣，再将花瓣前后两端围合封闭，见图4-3-31所示封闭围合花瓣。

同样，第三层的花瓣是由五片花瓣组成，在每片花瓣侧涂上黏胶，依次固定花瓣，见图4-3-32所示固定五片花瓣，再将花瓣前后两端围合封闭，见图4-3-33所示五片闭合花瓣。

第四步操作：组合多层花瓣。先将两片花瓣组成的花心涂上黏胶，放入三片花瓣组成的花瓣

中捏紧固定，见图4-3-34所示组合两层花瓣。完成后，同样顶端涂胶，接着再放入五片花瓣组成的花瓣中捏紧固定，见图4-3-35所示组合三层花瓣如图4-3-36所示成品花卉。

3. 立体尖瓣花卉的制作步骤

第一步操作：烫烤花瓣边缘。将裁剪好的花瓣用手捏住花瓣底端，沿火焰烫烤一圈以防止口

图4-3-26

图4-3-27

图4-3-29

图4-3-28

图4-3-30

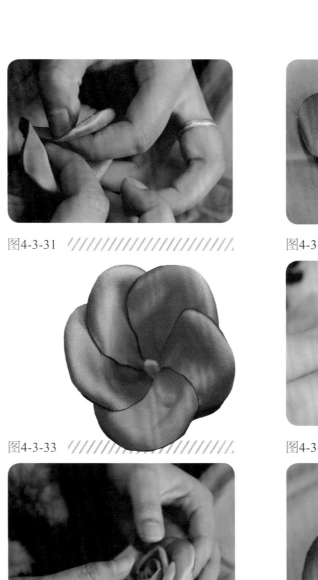

图4-3-31

图4-3-32

图4-3-33

图4-3-34

图4-3-35

图4-3-37

图4-3-36

毛脱，见图4-3-37所示烫烤花瓣止口。接着不等烫烤熔化的黏胶冷却，捏出花瓣的尖角，见图4-3-38所示捏出花瓣角，依次捏出十七片花瓣，见图4-3-39所示尖角形花瓣。

第二步操作：制作花心与花瓣。将两片花瓣底端涂黏胶合，见图4-3-40所示涂黏合胶，接着翻卷一侧花瓣，见图4-3-41所示一卷花瓣，再顺势二卷花瓣，见图4-3-42所示二卷花瓣。然后再翻转三卷花瓣，见图4-3-43所示三卷花瓣，最后

调整两片花瓣的花心造型，见图4-3-44所示的花心。

第三步操作：制作二层至四层花瓣。将三片花瓣底端涂上黏胶，依次黏合固定，封闭黏合两端，形成第二层花瓣，见图4-3-45所示第二层花瓣，同法将五片花瓣底端涂上黏胶，依次黏合封闭两端，形成第三层花瓣，见图4-3-46所示第二层花瓣，同前将七片花瓣形成第四层花瓣，见图4-3-47所示第四层花瓣。

图4-3-38

图4-3-39

图4-3-40

图4-3-41

图4-3-42

图4-3-43

图4-3-44 //////////////////////////

图4-3-45 //////////////////////////

图4-3-46 //////////////////////////

图4-3-47 //////////////////////////

第四部操作：组合花瓣。将花心底端涂胶后插入第二层花瓣中捏紧固定，见图4-3-48所示固定二层花瓣。固定完成后底端涂胶，再将它插入第三层花瓣中捏紧固定，见图4-3-49和图4-3-50所示固定三层花瓣。同样固定完成后底端涂胶，再将它插入第四层花瓣中捏紧固定，见图4-3-51所示固定四层花瓣。由此，立体花卉的大小可根据花瓣的层数来决定，层数越多，花盘越大，返之则越小，见图4-3-52 所示多层花瓣立体花卉。

4. 多种材质的立体装饰花卉

采用不同材质的五片花瓣叠加，涂上黏胶固定，再用装饰钻扣为花心，既点缀花蕾又掩盖做痕，一举两得，见图4-3-53所示五瓣装饰花和图4-3-54所示不同光色材料的组合花卉。

图4-3-48 //////////////////////////

图4-3-49 //////////////////////////

图4-3-50 //////////////////////////////

图4-3-51 //////////////////////////////

图4-3-53 //////////////////////////////

图4-3-52 //////////////////////////////

图4-3-54 //////////////////////////////

145

服装的色彩图案、材质风格、款式造型是服装构成的三大要素，其中，服装的色彩图案与材质风格是由服装材料直接体现的，而服装的款式造型也依赖于服装材料。近年来，服装材料的再设计及其表现手段层出不穷，主要表现在以现有材料为基础，从周边的事物中攫取灵感，换位思考，利用剪、贴、系、拼、补、折、绣、绗、烧、绘等各种技术及传统工艺，结合设计的审美原则对现有的材料进行改革、重组，采用多元复合或者单元并置的方法，进行材料的创意设计，达到材料创新的目的。因此，如何创造出符合时代脉搏的童装设计，注重对材料的服用性能、艺术性能的开发和创新，合理的选择、巧妙地运用和再设计服装材料来实现自己的创意，为现代童装发展提供更广阔的发展空间，是现代设计师共同追求的目标。

一、新材料的设计运用

1. 营造视觉冲击的现代童装材料

作为童装设计中最响亮的语言——色彩，备受设计师和消费者关注，它始终是世人和流行瞩目的焦点，并通过其材料表现出来。童装材料的色彩通常经染色加工后产生，它不仅具有一般色彩的功能，能使人产生各种联想和感觉，而且还与材料质感密切相关，在加工设计中，染色的好坏、色彩的协调和配色的优劣将直接影响材料的价值和设计的成败，见图4-4-1所示对比色印花材料。

图4-4-1 ///////////////////////////////////

因此，材料不仅是童装设计最基本的物质条件，同时也是色彩寄居的场所、造型表现的物质基础。童装材料的语言非常丰富且具内涵，它对设计师理解材料特征，更好地把握童装造型、风格以及卫生学等多方面的设计具有至关重要的意义。俗话有曰："巧妇难为无米之炊"是对童装设计中材料重要性的真实写照。

2. 装饰图纹展凸显现代服饰材料的可塑性

利用花纹图案或利用材料完成图纹的设计也成为童装设计中新的装饰手段之一。即采用印染、织绣、烫压等多种工艺方法在材料表面上形成各种纹样图案，织出凹凸纹、条格、透孔、提花等图纹。这类主题形式繁多的图案花纹将物质性和精神性合而为一，既能掩饰材料在原料和织造上的缺点，弥补其外观上的某些不足，又能丰富和突出材料的质地色彩，消除素色织物的单调感，见图4-4-2所示各种钮扣纹饰组合的装饰材料。

同时，利用花纹图案给人带来的视错觉来调节穿着者的体型，达到美化人体的目的。利用印花材料之间的搭配组合来烘托花样的柔美，表现图案和童装的独特性，结合穿着者的体型年龄、童装的穿着环境、穿用目的、造型结构等因素来选择材料的花纹图案，巧妙、合理的处理材料与图纹之间的关系，将更好地显现出童装穿着的效果和观感。

3. 多元化组合开创了童装材料的新视觉

作为童装设计三要素之一的材料，是现代设计师们最喜欢尝试突破的一大要素。各种纺织品、针织品、皮革、金属、羽毛、宝石珠片等的混合搭配，伴随染色、刺绣、材质再造加工技术的开发创新，表现令人意外的色彩效果和丰富的表面肌理形状；同时科技使各种纤维的混合处理日趋完美和丰富多样，让童装设计师有了广阔的创造空间，充分发挥材料的特性与可塑性，通过面料材质创造特殊的形式质感和细节局部，使童装体现出完全不同于以往的一面。

图4-4-2 ////////////////////////////////

可以毫不夸张的说，21世纪的趋势是以面料材质为构思创作源泉，在现代科技高度发展的今天，材料的充分利用，必将越来越成为现代童装设计师创作设计重要的施展手段和表现形式。因此，这就要求我们认真研究各种材料，努力掌握和善于用材料特性，积极探索材料与设计之间的有机联系，设计出更新、更美、更舒适的童装来，以满足人们衣着生活的需要。

例如钩编类织物，比较适合春秋季节的童装使用。其制作步骤：首先做好前期准备工作，备好黑白色、粉色、彩色毛线各一团，以及两根织针，见图4-4-3所示两种配色毛线及工具。

图4-4-3 ////////////////

接着，在竹针上用白毛线打上相应的针数，见图4-4-4所示单股起针，也可使用钩针编织纹饰，见图4-4-5所示钩编花心，完成后钩编第二圈花卉，见图4-4-6和图4-4-7所示半成品织物。最后，将完成的不同色彩的编织花卉进行间隔组合，见图4-4-8和图4-4-9所示编织部件，通过有规律的组合形成有纹饰肌理效果的编织材料，见图4-4-10和图4-4-11所示的成品编织材料。

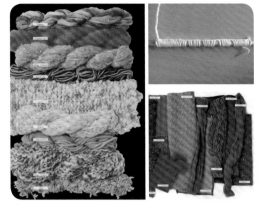

图4-4-4 ////////////////////////

图4-4-5 ////////////////////////

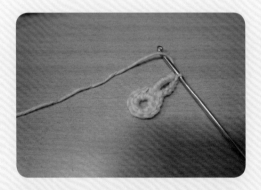

图4-4-6 ////////////////////////

图4-4-7 ////////////////////////

图4-4-8 ////////////////////////

图4-4-9 ////////////////////////

图4-4-10 ////////////////////////

二、材料再造的艺术魅力

各种材料由于其纤维原料、纱线结构、织物组织及后整理工艺的不同，形成了软硬、厚薄、稀密、轻重等多种不同的质地和肌理。这些不同的质地通过视觉和触觉会给人以不同的感觉；而不同的质感又反映了材料不同的个性和特色。

如果说童装审美的要素是材料，那么质地就是其焦点，选用不同质地的材料，使之与环境、用途、造型相协调是现代童装设计师常用的手法之一。综合运用各种不同质地的材料来展示和发挥材料的肌理美和质地美，成为现代童装设计新的表现主题。

1. 重组之韵，展不同材质之和谐美

童装设计中材质的重组，如同我们熟知的造句组词规律一样，在相对有限的童装设计材料选用搭配上，必须透过各种变化组合的手段来重新组构制造尽可能多的表达方式，这其中包括童装本身的搭配，也包括服饰品在童装中的搭配。

世界设计大师约翰·加里亚诺对各种材料就具有相当高超的搭配能力，他在每次的发布会上对材料的选用都叫人不可思议。充分利用不同面料的质感、肌理特征，对其进行组合以产生奇异的色彩变化，使得有些、组织结构单一，或者是花型比较平凡的普通面料材料，将其与其他的材料组合搭配后，创造出新的材料和唯美的视觉效果。

例如材料的附加装饰设计，第一步先收集资料，寻找创作的切入点和灵感，本案例的灵感来源于水果"猕猴桃"的组织结构，见图4-4-12所示灵感来源，根据水果"猕猴桃"的组织结构和特点，思考配色、选择材料和装饰手法等，见图4-4-13所示配色毛线。

第二步按设计的纹饰将材料一一固定，起针绣出水果核心，见图4-4-14所示编绣水果纹饰

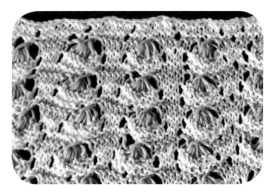

图4-4-11

图4-4-12

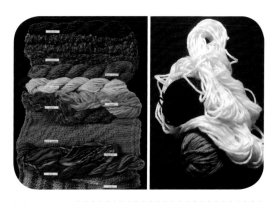

图4-4-13

图4-4-14

中心部位，接着依次穿入黑色串珠为核子，完成猕猴桃核心部位的装饰，见图4-4-15所示串珠核心装饰。

第三步是将装饰叠加的材料用撞色线将边缘包光固定，见图4-4-15所示装饰包边，最后形成一个连续纹饰，见图4-4-17所示附加装饰材料。这种使用各种不同的原材料进行叠加、编织、重组，使其形成纹饰别致、色彩靓丽的装饰材料，也是设计师们在材料的设计与选择时常用的手法。

2. 再造之美，成现代童装设计之主流

童装材质的再造也就是面料的二次加工，即在符合审美原则的基础上改变面料的原有特征和形式，也可以打破面料原有的二维空间，在造型外观上给人一种耳目一新的视觉效果。一方面是针对材质表面的再造处理和特殊材料的再造。它主要是对童装材质表面进行加工处理，只改变它的物理特性，保留原有的化学特性。例如将面料以折皱泛旧为美，其折皱是有规律，也可是无规律的折皱，通过打褶或局部挤、压、拧、定型而形成柳条形、菱形、大理石花等纹形，通过堆砌、叠加、缝合，使面料呈现出一种具有半立体状的效果，产生浮雕感。此外在面料表面添加不同的材料或色彩，采用涂层、贴、色块、珠片、绘或装饰线等手段，营造出古风尚存的新奇或美轮美奂的新感觉，赋予面料全新的视觉外观。

另一方面是通过改变材料的组织结构使其产生与众不同的效果。如改变面料原有的组织结构，利用剪、抽丝、腐蚀、镂空、烧、打磨等手段，形成另一种结构状态，产生令人难以置信的粗犷且时髦的效果。尤其是金属纤维等特殊材料的组合，利用高科技手段，使金银丝与纺织纤维混纺面料、金属喷镀、涂层等都成了童装美学领域里的研究对象，这些面料在光的作用下产生闪光、擦光、丝光、变光等特殊效果，极具现代感。

例如材料的烧叠装饰设计，首先寻找设计的切入点和装饰手法，本案例的灵感来源于我们日常生活的点点滴滴，大雨过后泥泞的道路上留下了串串的脚印，也预示我们经历风雨所留下的痕迹，寓意深刻，设计创作空间丰富。确立主题后，可思考设计装饰的手法：抽剪、烧烫、叠加……。其次开始具体的制作。根据设计的纹饰，剪出相应的图案，见图4-4-18所示修剪镂空纹饰，接着

图4-4-15

图4-4-16

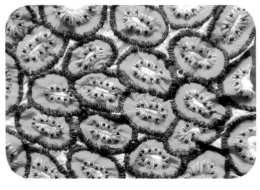

图4-4-17

烫烧镂空边缘的毛缝，见图4-4-19所示烫烧毛边和图4-4-20所示脚印纹饰的镂空图。然后用平针将镂空纹饰与面料进行叠加固定，依次使用平针将所有镂空纹饰固定，见图4-4-21所示固定镂空纹饰，再将另一只叠加的脚印沿边缘压缉装饰线，见图4-4-22所示叠加镂空纹饰，最后通过上下多层的叠加、烫烧、压缩装饰线等多种手法改变材料单调的外观，形成凹凸、立体的肌理效果和具有浓郁装饰风格的新型材料。

三、新型组合材料的运用与制作技术

目前国际市场对童装环境保护、童装材料的再创造等提出了新要求，当今童装材料呈现出多样化的发展趋势，而不同材质、性能的面料艺术再创造更是迎合了时代的需要，弥补和丰富了普通面料单体无法表现的童装面貌，为童装设计增加了新视觉效果和内涵，展现了童装特殊的艺术魅力。

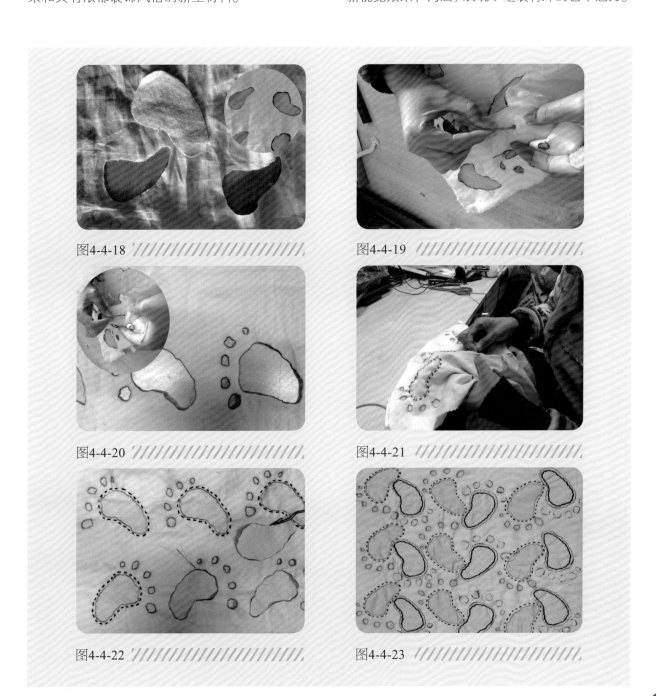

图4-4-18

图4-4-19

图4-4-20

图4-4-21

图4-4-22

图4-4-23

现代科技的突飞猛进，使新素材、新材料层出不穷，制造花色的途径也五花八门：如：利用激光和超声波进行织物切割、蚀刻、雕刻和焊接，制造出表面呈现灼伤效果、风格别致的新颖材料；通过织纹组织和后整理，产生涂层、蜂巢纹、席纹、仿浮雕烂花、轧花、绣花、静电植绒，发泡印花等效果的新型材料等。这一切都为材料再设计打开了取之不尽的思路，也是现代服装发展与高科技结合的必然趋势和必然结果。

只有创新才有生命，只有变化才有发展。总而言之，材料的创新开发与运用，开阔了设计师的视野，启发了设计师的构思，激活了设计师的灵感，并把现代童装设计推向了一个更为广阔的领域。实践证明，在童装创作中注重对材料的外观进行再设计，有助于更新设计理念、开拓设计思维、形成作品的鲜明个性和风格，产生丰富独特的艺术审美效果。

知识链接：童装吊牌的造型设计

童装吊牌是一种连接服装与消费者的纽带，它将文字、图形和色彩信息通过一定的形式组合、排列成视觉传达的特征符号，消费者在购买服装商品之时，通过吊牌识别服装信息。这一张张小小的广告牌，方寸之地涵盖了公司、名称、材质、尺寸、颜色、价格、安全、标准等信息，更是服饰品质的代名词，见图4-4-24所示童装服饰品的吊牌。童装吊牌，作为现代服饰文化的必然产物，在一定程度上促进和影响消费者的消费行为。也正因为如此，童装吊牌已成为一独立产业，具有广阔的市场。

童装吊牌的造型主要有二度空间的平面造型

图4-4-24

图4-4-25 ////////////////////////////////

和三度空间的立体造型两大类。在二度空间的平面造型中，突出外部边缘的轮廓造型，一种是常以长方形、正方形、圆形等规则几何造型为主，见图4-4-25所示KIDS NIKE、DISNEY、BABY DE MODE、KENZO等童装吊牌，这些国外知名品牌借助成熟的营销手段和成熟的消费市场，推广其童装系列品牌，在吊牌的造型设计上都以规则的长方形、正方形为主，以言简意赅的LOGLE、文字达到标识的作用。

另一种是多边形、折叠卡式等造型为主的吊牌，见图4-4-26和4-4-27所示DISNEY、HELLO KITTY等童装吊牌，利用对折的有利空间，将标志着企业形象的趣味动植物、卡通人物、商标、洗涤方式等内容印刷在小小的吊牌上，结合童装的类别和特点，使吊牌更具动感和可视性。此外，多边形、折叠卡式造型的童装吊牌，结合动物的外部轮廓造型，形象生动地再现童装服饰的趣味特点，见图4-4-28所示兔子造型吊牌。

图4-4-26 ////////////////////////////////

在三度空间的立体造型中，这种形式常见童装羽绒服的羽绒展示和特殊材质的材料展示，见图4-4-29所示采用袋装式制作原料毛线纱线的展示、气囊式羽绒成分含量的展示。同时，根据童装的风格、定位适当地将游戏、模型、卡通等时尚元素融入吊牌的设计中，使得儿童在购得新衣的喜悦中，享受动手操作、实践目标的乐趣，如爱儿健的童装吊牌设计就非常有创新意识，它将折纸模型设计在吊牌中，一方面吸引孩子和家长的购买欲，另一方面儿童在操作实践中启发智力，获得乐趣，这款将趣味性与实用性结合的童装吊牌设计，有效地达到促进消费、宣传产品的作用。

纵观童装吊牌市场，童装吊牌的设计不仅要将儿童的情感、触感融入吊牌的设计中，还要在一定程度上以儿童的接受程度和安全性能作为衡量设计价值的标准。

图4-4-27

图4-4-28

图4-4-29

参考文献

[1] ST/T1522—2005《中华人民共和国出入境检验检疫行业标准：儿童服装安全技术规范》，北京：中国标准出版社，2005.

[2] 中国质检出版社第一编辑室，儿童服装标准汇编[M].北京：中国质检出版社，2011.

[3] 雷伟.服装百科辞典[M].北京：学苑出版社，1994.

[4] Melissa Leventon. Artwear: Fashion and Anti-fashion[M]. Thames&Hudson, 2006.

[5] （日）中屋，典子，三吉满智子.服装造型技术[M].北京：中国纺织出版社，2007.

[6] 刘瑞璞，陈静洁.中华民族服饰结构图考[M].北京：中国纺织出版社，2013.

[7] 包铭新.近代中国童装实录[M].上海：东华大学出版社，2006.

[8] （法）玛丽·西蒙.世界儿童时尚圣经[M].北京：人民邮电出版社，2014.

[9] 崔玉梅.童装设计[M].上海：东华大学出版社，2010.

[10] 丁锡强.服装技术手册[M].上海：上海科学技术出版社，2005.

[11] 刘晓刚.童装设计[M].上海：东华大学出版社，2008.

[12] 李超德.设计美学[M].合肥：安徽美术出版社，2009.

[13] 许星.服饰配件艺术[M].北京：中国纺织出版社，2009.

[14] 李超德.服装评论[M].重庆：重庆大学出版社，2011.

[15] 缪良云.中国衣经[M].上海：上海文艺，2000.

[16] 凌继尧.审美价值的本质[M].北京：中国社会科学出版社，2007.

[17] 单文霞，张竞琼.现代职业装设计导论[M].上海：中国纺织大学出版社，2001.

[18] 龚建培.现代家用纺织品面料的开发与设计[M].重庆：西南大学出版社，2003.

[19] （美）杰伊·卡尔德林.时装设计[M].北京：中国青年出版社，2012.

[20] 胡天虹.服装材料特殊造型[M].广州：广东科技出版社，2001.

[21] 蒋晓文.服装生产流程与管理技术[M].上海：东华大学出版社，2003.

[22] 沈祝华，米海妹.设计过程与方法[M].济南：山东美术出版，1995.

[23] 滕菲. 材料新视觉[M].武汉：湖北美术出版社，2000.

[24]　王受之.世界现代设计史[M].北京：中国青年出版社，2002.

[25]　陈燕琳，刘君. 时装材质设计[M].天津：天津人民美术出版社，2002.

[26]　（英）塔姆辛·布兰查德.世界顶级时尚品牌＆平面设计[M].上海：上海人民美术出版社，2004.

[27]　任亚荣.论消费语境中的服装文化[J]，西南交通大学学报(社会科学版)，2006(02):68.

[28]　单文霞.服装专业设计实践教学过程化形态的探索与研究[J]，装饰，2015（08）：113—115.

[29]　于君.浅析包装设计与消费文化之间的关系——以绿色包装设计为例[J]，大众文艺，2013(7):101—102.

[30]　王克西.关于发展文化消费的思考[J]，宝鸡文理学院学报(社会科学版)，2001(9):82.

后 记

　　我国的服装设计教育可追溯至20世纪80年代初，历经30年的探索发展，现面临两大压力：一是国内外服装产业竞争日趋激烈带来的压力。从国内看，集中表现为随着电子商务、物联网的快速发展，服装产业发生了质的飞跃，即由最初的纯粹加工制造向设计、创造与品牌方向发展；从国际看，集中表现为一些发达国家的跨国集团，凭借当代先进核心技术、成熟的设计与营销手段以及遍布全球的信息网络，具有压倒性的竞争优势，这就对我国的服装设计教育提出了新的更高要求。二是来自服装设计专业教育自我转型的压力。2012年，教育部本科专业目录将服装与服饰设计调整为设计学类下的一个独立专业，即由传统的染整设计专业、纺织工程专业逐步过渡转变成现在的独立专业建制，从而改变了服装设计专业多年旁支（原从属于艺术设计或纺织工程专业）的状况，这一调整，对服装设计教育既带来机遇，又带来挑战。如何有效解决原有的专业人才培养模式、设计实践教学面临的诸多矛盾，如何进一步破解培养路径、目标与产业技能需求之间的不对称、不平衡性，是服装设计教育面临的重大而现实的紧迫课题。

　　基于对当前我国服装设计教育面临压力的认识，结合多年企业的实践和锻炼，借助教育部人文社会科学研究规划基金项目：我国童装产业现状及设计应用研究（项目编号：11YJA760011），本书从童装服饰的角度，通过简洁的描述、直观的图片以及案例的操作，试图寻找童装服饰的规律，解开服装设计与技术之间的瓶颈，跨越设计与实践之间的鸿沟。

　　设计实践介于设计策划与具体制作施工之间，是服装设计意图最终完善体现的重要环节，因此，它始终贯穿服装设计实践的全过程。全书共分四章，第一章童装的造型设计中包括儿童服饰的发展、排版与质量要求、童装的生产技术文件，着重论述服装工业化大生产的技术参数和技术质量；第二章童装的制作技巧中以背心童连衣裙、拼接式女童长袖衬衫、条格男童长袖衬衫、休闲童长裤的制作工艺与技巧为案例，图文并茂再现了童装组合装饰的基本缝制技术及整理与熨烫技术；第三章时尚童装的新型工艺中，详细介绍时尚童旗袍、童盆领插肩袖斗篷式女童上衣的细节设计与工艺技术；第四章介绍了时尚童装的褶皱装饰艺术、拼接与组合制作、多样化装饰以及组合材料的运用和制作技术。从典型童装案例的操作步骤和制作技术，到时尚童装的新工艺、新技术，深入浅出地交叉、链接童装服饰的热点细节技术知识，通过多次设计实践，以大量的案例和图片，多角度、多层次论述童装造型和制作技术之间的关系，是一本童装服饰的专业技术书籍。

时光匆匆，转瞬间从事服装设计及设计教育工作已有二十多年的历程，期间作为访问学者留学法国时尚之都，领略了欧洲服饰文化的灿烂与辉煌，到苏州大学研究生的学习，一路走来得到恩师苏州大学李超德教授、许星教授的悉心指导，使我在服装设计理论和设计实践教育中得到了提升和发展。

书稿撰写过程中，得到江苏理工学院臧之筠、胡秀琴、丁健、徐修玲等老师和2012级服装设计专业周婷、朱胜男、张晓、张雪、周婕、赵秀等多位同学的大力支持和帮助，在此表示衷心地感谢！尤其感谢东华大学出版社老师的大力支持，为本书提出诸多宝贵意见。

在多年服装设计、制作实践以及从事服装设计教育探索研究的基础上，历经"十年磨一剑"，《童装造型与制作技术》一书终成正果，期盼能给服装界、设计教育界的各位同仁和广大爱好者带来有益帮助。本书难免存在不足之处，敬请各位读者提出宝贵意见！书中图片大多为作者自身设计实践成果，部分引用COLLEZIONI TRENDS（意大利纱线和面料流行趋势杂志），还有极少部分未能查到出处，在此一并表示感谢！

单文霞

2015年10月15日于龙城荆川